基礎から学ぶ サーバーレス開発

Serverless Development

アイレット株式会社
青池利昭、福田悠海、和田健一郎 著

C&R研究所

■権利について

- 本書に記述されている社名・製品名などは、一般に各社の商標または登録商標です。
- 本書ではTM、©、®は割愛しています。

■本書の内容について

- 本書は著者·編集者が実際に操作した結果を慎重に検討し、著述·編集しています。ただし、本書の記述内容に関わる運用結果にまつわるあらゆる損害・障害につきましては、責任を負いませんのであらかじめご了承ください。
- 本書についての注意事項などを4 ～ 6ページに記載しております。本書をご利用いただく前に必ずお読みください。
- 本書については2020年5月現在の情報を基に記載しています。

■サンプルについて

- 本書で紹介しているサンプルコードは、C&R研究所のホームページ(http://www.c-r.com)からダウンロードすることができます。詳しくは5ページを参照してください。
- サンプルコードの動作などについては、著者・編集者が慎重に確認しております。ただし、サンプルコードの運用結果にまつわるあらゆる損害・障害につきましては、責任を負いませんのであらかじめご了承ください。
- サンプルデータの著作権は、著者およびC&R研究所が所有します。許可なく配布・販売することは堅く禁止します。

●本書の内容についてのお問い合わせについて

この度はC&R研究所の書籍をお買いあげいただきましてありがとうございます。本書の内容に関するお問い合わせは、「書名」「該当するページ番号」「返信先」を必ず明記の上、C&R研究所のホームページ(http://www.c-r.com/)の右上の「お問い合わせ」をクリックし、専用フォームからお送りいただくか、FAXまたは郵送で次の宛先までお送りください。お電話でのお問い合わせや本書の内容とは直接的に関係のない事柄に関するご質問にはお答えできませんので、あらかじめご了承ください。

〒950-3122 新潟県新潟市北区西名目所4083-6　株式会社 C&R研究所　編集部
FAX 025-258-2801
『基礎から学ぶ サーバーレス開発』サポート係

PROLOGUE

サーバーレスが話題になり、「サーバーを意識する必要がない」「利用した分だけ支払う従量課金」といったメリットが注目されています。本書に興味を持った方の中にも、このようなメリットに魅力を感じ、サーバーレスに興味を持った方もいらっしゃると思います。確かにサーバー利用時の煩わしさから開放されますが、同時にサーバーレスにすることで生じる誤解や課題もあります。

一例としてサーバーレスだから停止することなく動き、自動でバックアップを取得してくれるのでバックアップに関係する設計をする必要がないといった誤解を耳にしたことがあります。マネージドサービスであるAmazon Relational Database Service（以降、RDS）を利用してデータベースを運用する場合、スナップショットを自動で定期的に取得することができます。また、RDSは冗長化構成を組むことができるので高可用性なデータベースを容易に運用することができます。これらのマネージドサービスは可用性や堅牢性をベンダーが保証してくれるので、一度、運用を始めたらずっと動き続けている印象を持っている方もいらっしゃいますが、実際はホストマシンのメンテナンス対応などの運用がついてきます。これらの作業はサーバーを利用して自分たちでデーターベースを運用している状態でホストマシンをメンテナンスすることに比べたら軽微な作業ですが、決して何もしなくてよいというわけではありません。

バックアップからデータを復旧する場合、要件に定めたRecovery Point Objective（目標復旧時点。以降、RPO）やRecovery Time Objective（目標復旧時間。以降、RTO）を満たすにはどのようなサービスの組み合わせにすべきなのか、どのようにバックアップから復旧するのかをキチンと考える必要があります。バックアップを自動で取得しても、あらゆる状態から自動的に復旧してくれるわけではありません。RPO、RTOがマネージドサービスの機能を使って実現できるのかできないのか、復旧手順はどのように行うのがベストなのかをシステムの要件に合わせて注意深く考慮する必要があります。サーバーレス化することでバックアップを取得するという行為は簡単な設定で行えるようになりましたが、復旧するという点においてはサーバー使用時と変わらず悩まないといけません。

このようにサーバーレスを活用するためには利用する各マネージドサービスの仕様を把握して適切に利用する必要があります。便利になった反面、制限をきちんと把握しなければシステムを運用してから思わぬ落とし穴にハマってしまう可能性があります。

本書はサーバーレスを用いて多くのシステム開発を行ったエンジニア達がその経験から得たノウハウをまとめたものになります。本書に目を通していただき、メリットとデメリットを理解してプロジェクトを成功に導いていただければ嬉しく思います。

2020年6月

著者

本書について

マネージドサービス利用時の注意点

マネージドサービスの成長スピードは非常に早く、新しい機能の追加やサービスのリリースが頻繁に行われています。マネージドサービスを利用する際は必ずサービスの最新機能を確認を心がけてください。

本書の読み方について

本書はCHAPTER 01から読み進めていただかなくても目的に応じて必要な章まで読み飛ばしても理解できるようになっています。次のような読み進め方が可能です。

- CI/CDに興味がある方はCHAPTER 03を読んでから他の章を読む
- 実例をもとにした構築例に興味がある方はCHAPTER 06を先に読む

本書の構成について

各章の概要は次のとおりです。

▶CHAPTER 01　サーバーレスとは

サーバーレスの基本的な知識とメリット・デメリットを紹介しています。サーバーレスの概念を理解していただけると思います。

▶CHAPTER 02　サーバーレス開発でよく使うサービス

Amazon Web Services(以降、AWS)でサーバーレス開発を行う上で利用頻度の高いサービスの一部を紹介します。各マネージドサービスの特徴を正しく理解することがサーバーレス開発の成功の秘訣です。

▶CHAPTER 03　サーバーレスアプリケーションの構築

「サーバーレスシステムを構築するためにはどういった方法を用いればよいのか?」という疑問に対してAWSのマネージドサービスを組み合わせてできる方法を紹介します。CI/CDを検討する際の参考にしていただければ幸いです。

▶CHAPTER 04　サーバーレスの運用・監視

マネージドサービスを組み合わせたシステムであってもシステムが適切な状態で稼働していないことを検知して復旧する必要はあります。サーバーレス=サーバーを意識する必要がない、という条件において運用・監視のポイントを紹介します。

▶CHAPTER 05　サーバーレス開発におけるセキュリティ

「マネージドサービスを組み合わせた環境でのセキュリティはどのように担保すべきなのか?」という悩みを解決するためのサービスの使い方や意識すべきポイントを紹介します。

▶CHAPTER 06　サーバーレスの構築例

著者が実際に作ったシステムを参考に、どのようにマネージドサービスを組み合わせて実現したか、そのときの課題などを踏まえて構成について紹介します。「最新のサービスや機能を使うとどうなるのか?」「どういった点が改善されるのか?」という説明もあるのでサーバーレスの歴史の一端に触れていただくことができると思います。

▶CHAPTER 07　サーバーレス開発の失敗談と問題解決

サーバーレス開発の便利さに慣れたことで陥る失敗について触れています。ちょっとした設定ミスや認識の誤りが思わぬ問題につながることを紹介します。

本書に記載したソースコードの中の▼について

本書に記載したサンプルプログラムは、誌面の都合上、1つのサンプルプログラムがページをまたがって記載されていることがあります。その場合は▼の記号で、1つのコードであることを表しています。

サンプルファイルのダウンロードについて

本書で紹介しているサンプルデータは、C&R研究所のホームページからダウンロードすることができます。本書のサンプルを入手するには、次のように操作します。

❶「http://www.c-r.com/」にアクセスします。
❷トップページ左上の「商品検索」欄に「314-0」と入力し、[検索]ボタンをクリックします。
❸検索結果が表示されるので、本書の書名のリンクをクリックします。
❹書籍詳細ページが表示されるので、[サンプルデータダウンロード]ボタンをクリックします。
❺下記の「ユーザー名」と「パスワード」を入力し、ダウンロードページにアクセスします。
❻「サンプルデータ」のリンク先のファイルをダウンロードし、保存します。

サンプルのダウンロードに必要な
ユーザー名とパスワード

ユーザー名	svno
パスワード	3ness

※ユーザー名・パスワードは、半角英数字で入力してください。また、「J」と「j」や「K」と「k」などの大文字と小文字の違いもありますので、よく確認して入力してください。

サンプルファイルの利用方法について

サンプルはZIP形式で圧縮してありますので、解凍してお使いください。

CONTENTS

CHAPTER 01

サーバーレスとは

CHAPTER 02

サーバーレス開発でよく使うサービス

CHAPTER 03

サーバーレスアプリケーションの構築

CHAPTER 04

サーバーレスの運用・監視

CHAPTER 05

サーバーレス開発におけるセキュリティ

CHAPTER 06

サーバーレスの構築例

CHAPTER 07

サーバーレスの失敗談と問題解決

CHAPTER 01
サーバーレスとは

サーバーレスの概要

本書は、AWSのクラウドサービス上でアプリケーションを開発・運用される方やサービス提供事業者の方にAWSクラウドネイティブなサービスを利用した開発技法について、理解していただくための参考として執筆いたしました。AWSクラウドサービス上で、アプリケーションを開発・運用を始めようとしている方を対象にAWSクラウドサービスを活用してコストを削減しセキュリティを向上させるためのポイントを紹介しています。

一般にシステムの運用には、プログラムを動かすためのサーバーが必要になります。そしてサーバーは、サービスを提供している間は常に稼働していなければなりません。

この常識がAWS Lambda(ラムダ)で覆りました。AWS Lambdaはイベント駆動型のプログラム実行環境で、事前に登録しておいたプログラムを実行するための小さな実行環境です。登録されたプログラムは、あらかじめ指定されたイベントにより駆動して実行されます。

EC2インスタンスではプログラムの実行時間にかかわらずサーバーが稼働している間は課金されますが、AWS Lambdaでは、実行した「時間(100ミリ秒単位)」と「回数」で課金されます。利用者はサーバーを意識する必要がなく、サーバー自体のコストがかからないのはもちろん、運用や保守のコスト、さらにシステムの開発工数を減らす効果もあり、コストの削減に大きく貢献します。

AWS Lambdaの登場は、クラウド業界における大きなターニングポイントであり、AWS Lambdaはこれからのクラウド運用を大きく変えていくと筆者は考えています。

Amazon Elastic Compute Cloudでは、インスタンス上で動く、OS、ライブラリ、言語のランタイムなどのメンテナンスは利用者の責任でしたが、AWS Lambdaでは、これらすべてがAWSの責任になります。そのため、管理をAWSに任せられるだけでなく、これらに関するセキュリティリスクを利用者が負わずに済みます。たとえば、セキュリティパッチを適用する場合、適用手順を誤ると二次災害が起きる可能性がありますが、AWS Lambdaなら、セキュリティパッチの適用はAWSが責任を持って行ってくれます。AWS Lambdaを使えば、管理・運用の煩わしさから解放され、プログラムコードの開発に注力することができます。

では、EC2インスタンスを使ったシステムをAWS Lambdaに置き換えることが可能なのでしょうか? 残念ながら、答えはNoです。AWS LambdaとEC2インスタンスはプログラムの動き方が違うため、必ずしもEC2インスタンスの代替にはなりません。

AWS Lambdaを活かすには、その性質を理解したシステム設計が不可欠となります。本書では、実際にAWS Lambdaの導入をする上で必要な知識について紹介します。

SECTION-002

サーバーレスが注目された要因と新たなる課題

サーバーレスは、クラウドネイティブなマネージドサービスを組み合わせて利用することで、サーバーを意識することなく柔軟なスケーリング性能と高可用性を持つシステムを素早く開発し、利用状況に合わせた料金で運用することができます。

では、「すべてのシステムがサーバーレス化するべきなのか?」といえば決してそのようなわけではありません。システムに求められるものによっては、サーバーレスが必ずしも適切な選択にはなりません。

ここでは、オンプレミス、Infrastructure as a Service(以降、IaaS)でのサーバー運用に関する課題とそれらを踏まえて、サーバーレスが注目された一因を挙げてみます。

オンプレミス

オンプレミスでシステムを運用する場合はサーバーが必要になります。サーバーを調達して配置を行ってからOSをインストールしてミドルウェアをセットアップし、作成したアプリケーションをデプロイしてはじめて動作させることができます。

まず最初にサーバーを調達するために見積もりを取り、稟議を通して発注するという手間がかかります。また、サーバーが手元に届くまで長い時間が必要で、調達後は簡単にスペックの変更ができないこともあり、サーバー調達は非常に悩ましいものでした。

インフラ機器の故障や経年劣化に伴う更新を自分たちで検知して機器を更新する必要もあり、これらの運用は楽なものではなく場合によってはサービスの提供に支障をきたす問題が発生する可能性もあります。

IaaS

IaaSではオンプレミスで最初に多くのコストや時間を投入してサーバーを調達してから始めるというスタイルから利用状況にあわせて使った分の利用料金を支払う従量課金型の利用に変わり、インフラ機器のメンテナンスについてはクラウドベンダーが責任を持つのでメンテナンスを意識する必要がなく、簡単な操作でサーバーを利用することができるようになりました。また、数ステップでサーバーのスペックを増減することができるなどオンプレミスにはない柔軟性も特徴の1つです。

ただし、OSから上の領域ではAWSの責任共有モデルにもあるように利用者がオンプレミスと同様にメンテナンスする必要があります。OSやミドルウェアのパッチ適用は単純な作業であったとしても本番環境への適用はサービス影響を鑑みて十分な検証を行ってから適用するケースが多く、それらの作業はコスト的にも心理的も負担となります。

この負担はIaaSで少しは緩和されたとはいえ、運用上、避けることはできず重くのしかかってきます。

サーバーレス

オンプレミス、IaaSの運用負担をAWSが代わりに担当してくれて利用者がサーバーを意識せずにサービス提供に注力することが可能になるマネージドサービス組み合わせて利用するサーバーレスが注目されるようになりました。

サーバーレスではロジックをFunction as a Service（以降、FaaS）で実行します。

FaaSは利用者がホストを意識する必要がなく、ロジックを動かすのに必要なCPUとメモリを設定し、コードとライブラリをデプロイすれば動かすことができ、オンプレミスでのホストの調達や運用、IaaSのOSやミドルウェアのメンテナンスが不要になります。

サーバーレスだとこれまでの課題は本当に解消されるのか？

サーバーレスにすることでオンプレミス、IaaSでの課題が解消される課題もありますが、新たに生じる課題もあります。

たとえば、機器構成を含むカスタマイズの自由度や運用負担を考えると、「オンプレミス > IaaS > サーバーレス」となるようにオンプレミスが最も自由度が高いです。これは、自由度が高い=運用負担が高いともいえます（システム構成により異なりますが、大分類すればこのような比較に落ち着きます）。

サーバーレスは自由度が低い代わりにサーバーの運用が不要=運用負担が低いということになります。

FaaSでは同時実行数や実行時間、デプロイ可能なコードのサイズ、CPU、メモリなどの上限値などがベンダーにより定められた制限の範囲内でしか利用することができません。

ファンクションはイベント駆動でステートレスに疎結合で繋がるので制限やサービスの性質を理解した上でマネージドサービスを利用すれば運用上の負担を軽減することができますが、システムを無理にサーバーレスに当てはめて運用しようとするとこれまでに挙げたものとは異なるサーバーレス特有の制限に起因する問題に直面する可能性があります。

マネージドサービスの制限をきちんと理解してシステムの要件にあった利用をしなければシステム利用者に十分なサービスを提供できなくなってしまったり、ファンクションの稼働状況によってはIaaSを利用した構成のほうがコストが下がる場合もあります。

サーバーレスは万能ではないのでこれらの制限などがシステムの要件を満たせない場合は、サーバーレスを無理に適用すべきではありません。

サーバーレスではサーバー運用の負担は軽減されるかもしれませんが、代わりに各マネージドサービスを適切に組み合わせて要件を満たすシステムを構築・運用するための設計能力が必要になります。サーバーレスであれば運用上の負担が減ると安易に考えるのではなく、サーバーレスでシステムに適切に適用することができるかを検討することが成功の第一歩となります。

本書ではサーバーレスで利用するマネージドサービスや開発のポイントを実際のプロジェクトを踏まえて紹介します。サーバーレスを導入する上でどのような点に注意したかなどをご自身のプロジェクトへのサーバーレス導入の参考にしてみてください。

サーバーレスのメリット・デメリット

実はサーバーレスにするだけでは安くなりません。必要なときに、必要なものを、必要なだけ用意するというクラウドならではの設計のコツを、メリット・デメリットを交えて紹介します。

サーバーレスのメリット

大小さまざまな規模の案件に関わっていますが、担当のお客様からは次のような声を聞く機会が増えてきました。

- サーバーレスに興味があるが、業務ではサーバーフルな構成から抜け出せていない。
- どのような場合にサーバーレスが向いているかわからない。だから社内で検討できていない。

これから紹介する実践例をもとに、身近になってきたサーバーレスを最大限に生かした設計ができるように、そのポイントを紹介します。

▶ コストを大きく抑えることができる

EC2インスタンスではサーバーを起動している間に課金されます。データの送受信がいつ必要になるかわからない状況のときに24時間サーバーを起動している場合と、サーバーレスでデータの送受信が必要なときのみ自動で起動・終了する場合ではサーバーレスのほうがコストを大きく抑えることができます。

▶ オートスケール

サーバーをEC2、データベースをRDSで構築する場合は、あらかじめ想定した負荷に耐えられるインスタンスサイズを選択しなければなりません。また、その想定していた負荷を上回る処理が必要になった場合は、サービスを継続することは難しくなるでしょう。

サーバーレスであれば負荷に応じて最適なインスタンスサイズをAWSが選択してくれるため、想定していた負荷を上回る処理が必要になった場合でもサービスを継続することができます。

▶ ミドルウェアまではAWSがメンテナンスしてくれる

EC2でLAMP環境を構築した場合は、近い将来、OSレベルではLinux OSのアップデートやパッチ適応が必要になります。また、ミドルウェアではApacheのアップデートやパッチ適応、MySQLのアップデートやパッチ適応が必要になります。プログラム言語では、PHPのバージョンアップが必要になります。

もし、サービスをローンチしているときに、OS、ミドルウェアのアップデートする場合は、その作業の間はサービスを停止しなければなりません。また、OSのサポートは多くの場合で有限ですが、サポート期限直前までにOSを切り替えなくてはなりません。ミドルウェア、プログラム言語についても同様です。

サーバーレスの場合ではOS、ミドルウェアのアップデートは管理者が行うことはありません。サービスに必要なソースコードや画像データさえあればメンテナンスのためのサービスの停止から解放されます。

▶ コードを書いてマネージドサービスを組み合わせるだけで簡単に動くものが作れる

前述したようにサーバー上でサービスを実現するためにはOS、ミドルウェアを構築し、その上で動くアプリケーションを作成します。しかし、サーバーレスではOS、ミドルウェアの構築が不要になります。開発者はサーバーの構築の時間を短縮しアプリケーション開発に集中することができます。

▶ サーバーへの攻撃は避けられる

サーバーがないためサーバーへの攻撃のリスクを抑えることができます。たとえば、サーバーレスのコンピューティングサービスであるAWS LambdaはデフォルトではIPアドレスを外部に公開していないため、IPアドレスを用いた攻撃の対象とはなりません。

▶ マイクロサービスに向いている

マイクロサービスとは、小さな独立した複数のサービスでソフトウェアを構成する、ソフトウェア開発の技法です。サーバーレスでは機能単位でアプリケーションを分けておき、その小さなアプリケーションを組み合わせて大きなソフトウェアとしての機能を実現することに向いています。

ただし、サーバーレスはサーバーレス専用の設計が必要です。

▶ 顧客も興味がある

筆者の経験では顧客が「サーバーレス」という単語を使ってアプリケーションを作る要望が増えたように感じます。また、サーバーレス ＝ 運用コストを抑えられるというイメージが定着してきたように思えます。

まずは小規模で始めたいサービスや、メインのサービスがローンチされるまでの間のティザーサイトをサーバーレスで実現したいという要望が増えてきました。

さまざまなAWSのサービスを組み合わせ、フロントエンドからバックエンド、インフラまですべてサーバーレスで開発した例についてはCHAPTER 06で紹介しています。

サーバーレスのデメリット

サーバーレスにすることで課題が増えてしまう場面もあります。メリットだけでなくデメリットを把握した上でサーバーフル構成が適しているのか、サーバーレスの構成が適しているのかを判断することが大切です。

▶仕様上の制約が多い

サーバーレスはまだ歴史が浅い構成であり、万能ではありません。オンプレミス、EC2、AWS Lambdaの比較を下表にまとめました。

サービス名	起動時間	タイムアウト	責任範囲
オンプレミス	数週間～数カ月 ※サーバーの導入にかかる時間も含めています	なし	ハードウェア、OS、ミドルウェア、実行プログラム
EC2	数分	なし	OS、ミドルウェア、実行プログラム
AWS Lambda	数100ミリ秒～数秒	最大15分	実行プログラム

サーバーレスは、API、IoTなどのいつ処理が必要になるかがわからないが、1回の処理は短時間で終わるものに向いています。AWS Lambdaには最大で900秒（15分）のタイムアウトの制限があります。そのため、re:Invent 2016でローンチされたAWS Step Functionsを使って複数のLambdaを数珠つなぎのように実行させるなど、工夫して利用する必要があります。

まだまだサーバーがあったほうが柔軟に実現できるサービスも多いはずです。たとえば、決まった時刻に実行する大きなサイズのデータを扱う長時間のバッチ処理を行いたい場合にはAWS Lambda以外の選択肢を考えましょう。

サーバー上のプログラムと違い、AWS Lambdaでは処理を細分化し、複数実行することが求められますが、起動に制限があります。AWSへ上限緩和の申請を提出することでAWS Lambdaの同時実行数を増やすことができますが、初期値は東京リージョンの場合は1000になります。

▶ステートレスな構造設計ができないと使いこなせない

サーバーレスはサーバーが起動していない状態でサービスを実行し、またすぐに終了します。常に起動しているわけではないため、ファイルや設定値を保持し続けることができません。AWS Lambdaにおいて何かファイルを保持しなければならない場合は、S3などのファイルストレージサービスを使ってファイルの管理をします。

また、AWS Lambdaによってファイルを編集する場合は、「/tmp」ディレクトリのストレージの上限が512MBとなるため、動画や大きなファイルの編集や保存には向きません。

▶監視が複雑になることもある

AWS Lambdaは起動しない、もしくは二重に起動することがあります。AWS LambdaのSLA（サービス保証制度）は99.95%です。1カ月を30日とすると1カ月間に21.6分間の停止がある製品を使っていることになります。

1回も起動しなかった場合は、起動しなかったことの検知が必要です。また、リトライもしくは二重に起動したときのことを考えたアプリケーションの設定が必要になります。

▶ 問題が発生しても即時対応できない(AWSに申請を出して待つしかない)場合がある

サーバーがあってもサーバーレスでもサービスを100%動かし続けることは非常に困難です。2019年8月にAWS東京リージョンで大規模障害が発生しましたが、幸い筆者の担当したサービスは障害の影響はなくサービスを継続することができました。

問題は常に起こることだという認識のもと複数のアベイラビリティゾーンや複数のリージョンにリスクを分散させた設計やAWSだけでなくGoogle Cloud PlatformやMicrosoft Azureを組み合わせたマルチクラウドの設計をしてよりサービスの可用性を高めることも必要です。

▶ ミリ秒単位の応答を求められる用途には向いてない

サーバーが起動し続けていて常にリクエストを待ち続けている状態と異なり、サーバーレスはリクエストがあったことをきっかけにサーバーの起動を行います。

ネットワークの構成によって起動時間は異なりますが、AWS Lambdaのコールドスタートは数100ミリ秒〜数秒かかります。

▶ 大規模に向いていない

常にリクエストが続くサービスや、24時間動き続けているサービスでは、サーバーレスの大きなメリットであるコストを抑えることができない場合があります。

損益分岐点を計算して実現したいサービスに最も適したアーキテクチャーを選択しましょう。

▶ モジュールのバージョンアップの仕組みなどを考えておかないとシステムのメンテナンスがつらい

メリットで触れたように、サーバーレスではOSやミドルウェアの管理はいりません。しかし、対応する言語のバージョンや、その言語で使うモジュール(言語によってはライブラリ)の更新は必要になります。

▶ モノリシックなシステムには不向き

メリットでマイクロサービスに向いていると触れましたが、反対にアプリケーションを分割せず、1つの大きな機能を持ったアプリケーションとしてサービスを実現するには不向きです。

▶ AWS LambdaのAmazon RDS利用はあまりおすすめできない

AWS LambdaからODBC接続を使ってAmazon RDSへ接続する場合は、通常、AWS LambdaとAmazon RDSを同じVPCに設置する必要があります。最近は改善されるようになりましたが、VPC内で起動するAWS Lambdaのコールドスタートに数秒〜10数秒かかることがあります。また、Amazon RDSには同時接続数の制限があります。AWS Lambdaの同時実行数が東京リージョンの場合の初期値が1000に対し、サーバーレスのDBであるAmazon Aurora Serverlessの場合は東京リージョンでは最小構成で90となり、DBへの同時接続数の上限をAWS Lambadaの同時実行数が上回ってしまいます。

以上のことから、VPC LambdaとRDSの組み合わせはアンチパターンといわれていました。

ここでは筆者が経験した主な制限を挙げましたが、AWS Lambdaの制限を知り、サーバーレスに適した設計を行うよう心がけましょう。

URL https://docs.aws.amazon.com/ja_jp/lambda/latest/dg/limits.html

CHAPTER 02

サーバーレス開発でよく使うサービス

AWS Lambda

AWS Lambdaは、現状、FaaS(Function as a Service)の代表格ともいえるAWSのコンピューティングサービスです。登場時よりは選択肢は増えてはいますが、AWSにおいて、サーバーレスでのシステム構築を行う上で、外すことのできないサービスです。

ここでは、AWS Lambdaの概要や必要な概念について解説します。

AWS Lambdaとは

AWS Lambdaは2014年のre:Inventで発表され、東京リージョンでは2015年6月29日に利用可能になりました。その大きな特徴としては、マネージメントコンソールやAPIを利用して、コードをアップロードするだけで、実行することができます。つまり、開発者はサーバーの構築、管理は一切不要で、コードの実装のみに集中することができます。また、リクエストに応じて、自動的にスケーリングを行ってくれます。

リクエストごとの課金となるため、関数が実行されないときには、一切、料金が発生しません。そのため、Amazon EC2を利用した場合に比べて大幅に料金が下がるケースもあります。

AWS Lambdaにおいて必要な概念は、次の通りです。

- 関数
- ランタイム
- イベント
- トリガー
- 同時実行数

それぞれについて、以降で解説します。

関数

関数は、AWS Lambdaを実行するために呼び出すことができるリソースです。コードとランタイムの組み合わせになります。前述した通り、関数の設定は、マネージメントコンソールやAPIを利用して設定を行います。コードのほか、利用するランタイム、AWS Lambda自体に割り当てるロール(実行ロール)、メモリ割り当て、タイムアウト時間を設定し、保存します。そして、保存が終われば即座に実行することができます。

関数の保存時に、もし処理が実行されていた場合、そこで処理が終わるということはなく、処理が完了した後に更新されます。処理が長い関数があった場合、一時的に更新前と更新後の環境が混在する可能性があるので、多少の注意は必要です。

関数が実行されると、コードのロードが発生するため、若干の時間を要します。これを**コールドスタート**といいます。一度、起動すると、しばらくは起動し続けるため、再度実行があると、起動された関数を再度、実行します。これを**ウォームスタート**といいます。

なお、コールドスタートの時間は、ランタイムの種類とコードの容量により前後します。

▶VPC設定

AWS LambdaをVPCのサブネットに配置し、VPC内のRDSに接続するように関数を設定することが可能です。実行時に、Elastic Network Interface(ENI)を作成し、AWS Lambdaにアタッチするという制御が行われており、起動時間、つまりコールドスタートの時間が最大で1分かかることもありました。しかし、2019年9月にVPC設定のアップデートがあり、AWS Lambdaの更新時に、ENIを作成するようになったため、起動時間が大幅に短縮されるようになりました。

また、2019年12月のre:Inventにおいて、Provisioned Concurrencyという機能が追加され、指定した数のLambda関数を事前に起動することが可能となり、ある程度、実行数が判明している場合は、この設定を行うことで、あらかじめ起動状態にしておき、コールドスタートの発生を抑えることができるようになりました。

ランタイム

関数に設定されているコードの実行環境をランタイムといいます。ランタイム=利用可能な言語と捉えても問題ないと思います。

発表当初、利用できるランタイムはNode.js(v0.10)のみでしたが、2020年5月現在、Node.js(v10.x、v12.x)に加え、Java(Version8、Version11)、Python(2.7、3.6、3.7、3.8)、Go(1.x)、.NET Core(2.1、3.1)、Ruby(2.5、2.7)が標準でサポートされています。

◉選択可能なランタイム

最新のサポート対象

.NET Core 3.1 (C#/PowerShell)
Go 1.x
Java 11
Node.js 12.x
Python 3.8
Ruby 2.7

その他のサポート対象

.NET Core 2.1 (C#/PowerShell)
Java 8
Node.js 10.x
Python 2.7
Python 3.6
Python 3.7
Ruby 2.5

カスタムランタイム

これ以外の言語に関しては、2018年のre:Inventにおいて、カスタムランタイム機能が発表され、ユーザー独自、もしくはAWSのパートナーから提供されているランタイムを利用することで、AWS Lambdaで実行することが可能になっています。

なお、言語自体のEOL(End of Life)に伴い、AWS Lambdaで利用できるランタイムも変わってきます。たとえば、Node.jsについては、Node.js自体のEOLに合わせて、利用できるランタイムのバージョンが変わってきており、発表から現在までに、v0.10、v4.3、v6.10、v8.10、v10.x、v12.xが利用できていましたが、2020年5月現在、すでに、EOLを迎えているv8.10までは新規作成・更新はできない状態になっています。

イベント

イベントはAWS Lambdaで処理する関数のデータを含んだJSON形式のドキュメントで、ランタイムで変換の上、関数に渡されます。ランタイムおよび次に記載するトリガーにより構造が変わってくるので、注意が必要です。

トリガー

Lambda関数を呼び出すリソースおよび設定をトリガーと呼びます。AWSのサービスの多くがトリガーとして用意されています。トリガーとして用意されている主なサービスは次の通りです。

- Amazon API Gateway
- Amazon S3
- Amazon CloudWatch Events
- Amazon CloudWatch Logs
- Amazon SNS
- Amazon SQS

●トリガーの例

トリガーからの呼び出し方式により、AWS Lambdaの動作やエラーの発生、AWS Lambdaのリトライ可否などが変わってきます。ここでは代表的な2つの例を紹介します。

▶ 同期呼び出し

同期呼び出しでは、AWS Lambdaは関数を実行し、レスポンスを待ちます。関数の実行が完了したら、呼び出し元にそのレスポンスを返却します。関数内でエラーになった、タイムアウト時間に達した場合などで関数からエラーが返った場合、エラーのレスポンスを確認し、呼び出し元で、再度処理を行うかを判断するようにします。

▶ 非同期呼び出し

非同期呼び出しでは、AWS Lambdaはいったんイベントを内部のキューに送信し、別のプロセスがそのキューから、イベントを読み込み、関数が実行されます。呼び出し元では、キューに追加の可否のみ受け取ることができます。

この呼び出し方法で注意が必要なのは、最低1回は実行されることが保証されますが、1回しか実行しないことを保証していません。つまり、1回以上実行されることがあるということです。

そのため、1回実行でも、複数回の実行でも、結果を同一になるような考慮をしておく必要があります、これを**べき等性の確保**といいます。

また、同期呼び出しと異なり、関数内でエラーになった場合、AWS Lambdaは関数を標準では2回、リトライします。合計3回のリトライで失敗した場合は、Amazon SQSのキューやAmazon SNSのトピックにイベントを送信することで、エラー状況を知ることが可能です。

Ⅲ 同時実行数

同時実行数とは、ある時点に関数が処理しているリクエストの実行数を指します。前述した通り、複数の関数実行が同時に行われた場合、スケーリングが自動的に行われます、

しかし、スケーリングは無限に行われるわけではなく、アカウントのリージョン単位で、同時実行数の上限が決められています。東京リージョンの初期値は秒間1000となっていますが、上限を超えたリクエストが実行された場合には**スロットリング**という状態になり、呼び出し元にエラーが返ります。

これはサポートに問い合わせることで緩和することが可能なので、負荷試験などで、適切な実行数を算出し、必要な場合は上限緩和を申請します。

▶ 関数ごとの同時実行数制御

同時実行数はアカウントのリージョン単位の上限値となります。そのため、アカウントのリージョン内に複数の実行環境が混在していた場合、開発中の関数の実行により、同時実行数の上限に達してしまい、本番運用中のAWS Lambdaがエラーになるというケースも発生し得ます。

それを回避するため、関数ごとに同時実行数の上限を設定することができます。

なお、AWS Lambdaは、登場以来、多くのアップデートがなされており、本書では紹介していないことも多くあります。詳細に関しては、下記の公式ドキュメントを参照してください。

- AWS Lambdaとは

  URL https://docs.aws.amazon.com/ja_jp/lambda/latest/dg/welcome.html

Amazon API Gateway

Amazon API Gatewayは、完全マネージド型サービスで最大数十万規模の同時APIコールの受け入れと処理に伴うトラフィック管理、認証とアクセス制御、モニタリングやAPIバージョン管理を取り扱います。

リソースベースでAPI(RESTful API)を作成し、データ変換機能を利用することでバックエンドに合わせてデータを整形したり、クライアントアプリとバックエンド間の双方向通信(WebSocket API)を行うことが可能な、スロットルによるスパイク対策された高可用性なサービスです。

AWS WAFと組み合わせることでWeb攻撃に対する保護を行うこともできる豊富な機能が魅力で、次のような特徴があります。

セキュリティ

AWS Identity and Access Management(IAM)とAmazon Cognitoを使用してAPIへのアクセスを認証・認可することができます。認証についてはOAuthの利用や独自で認証処理を作成することもでき、システムに合わせた柔軟な対応が可能です。

AWS WAFと組み合わせることでWebの脆弱性(SQLインジェクションまたはクロスサイトスクリプティングなど)に対する保護ができます。

利用制限

使用量プランを用いることでデプロイされた1つ以上のステージとメソッドにアクセスできるユーザーを指定してAPIにアクセスできる量と速度を設定することができます。

この制限はAPIキーごとに設定できるので、複数のAPIキーを使い分けることで異なる利用制限を設けることが可能になります。

従量課金

APIリクエスト量に応じた従量課金制で、最低料金や初期費用は不要なので利用しなければ料金は発生しません。Amazon API Gatewayの段階的な価格設定モデルなので、APIの使用量に応じてコストを削減することができます。

スケーリング

Amazon CloudFrontを使用したグローバルなエッジロケーションネットワークを活用することにより、エンドユーザーにAPIリクエストおよびレスポンスのレイテンシーを最小限に抑えることができます。

トラフィックを抑制し、APIコールの出力をキャッシュして、バックエンドオペレーションがトラフィックのスパイクに対応できて、バックエンドシステムが不必要に呼び出されないようにします。

モニタリング／トレース

ダッシュボードからAPIの呼び出し数、レイテンシー、エラーの状況を視覚的に確認することができます。

AWS X-Rayトレースを有効化することでAWS X-Rayサービスマップを使用して、リクエスト全体のレイテンシー、およびAWS X-Rayと統合されているダウンストリームサービスのレイテンシーを確認することができます。

バージョン管理

デプロイ履歴が保管されており、簡単なアクションでロールバックが可能です。ステージごとにバージョンを設定することができるので、検証環境で動作保証がとれたバージョンを本番に切り替えることができます。また、カナリアリリースをサポートしているのでトラフィックの特定量を新バージョンに振り分けてテストを行い、問題がないことを確認してからすべてのトラフィックを新バージョンに送ることも可能です。

RESTful API

RESTプロトコルに準拠したステートレスなクライアントサーバー通信を可能にします。リソースベースのAPIを作成し、Amazon API Gatewayのデータ変換機能を使用して、言語ターゲットサービスが要求するリクエストを生成します。

また、Amazon API Gatewayは、バックエンドが予測できないスパイクのトラフィックに確実に耐えられるように、スロットルールを適用して既存のサービスを保護します。

WebSocket API

WebSocketプロトコルを遵守した、クライアントとサーバー間のステートフルな全二重通信が可能にします。チャットアプリやストリーミングダッシュボードのようなリアルタイム双方向通信アプリケーションを構築します。

サーバーのプロビジョニングや管理に煩わされることも、接続ユーザーや接続デバイスに気を配ることもなくなります。Amazon API Gatewayはクライアント間に永続的な接続を維持し、メッセージ転送を操作して、バックエンドサーバーを通じてデータをプッシュします。

Amazon Aurora Serverless

Amazon Aurora ServerlessはAmazon RDSを自動でスケーリングするオプションです。データベースの容量はアプリケーションのニーズに基づいて自動的に起動、シャットダウン、スケールアップまたはスケールダウンされます。Aurora Serverlessを使用すれば、データベースインスタンスを管理せずにクラウド内でデータベースを実行できます。

Amazon Aurora Serverlessには次のような特徴があります。

シンプル

Amazon Aurora Serverlessは、DBインスタンスおよびキャパシティーの複雑な管理作業を大幅に軽減します。

スケーリング

コンピューティング性能とメモリ容量は、クライアント接続を中断することなく、必要に応じてシームレスにスケールされます。1日を通してデータベースを使用するワークロードを実行しています。そしてアクティビティのピークを予測することは困難です。

たとえば、雨が降り始めたときにアクティビティが急増する交通サイトです。Amazon Aurora Serverlessを使用すると、データベースはアプリケーションのピーク負荷のニーズを満たすために自動的に容量をスケールし、アクティビティの急増が終わったときにはスケールダウンします。

コスト

Amazon Aurora Serverlessでは、消費したデータベースリソース分のみの料金が秒単位でかかります。開発者が開発およびテスト用のデータベースとしてAmazon Aurora Serverlessを使用すると、夜間や週末の不使用時にデータベースを自動的にシャットダウンするため、開発中のコストを抑えられます。

可用性

現在、Aurora Serverless DBクラスターのDBインスタンスは、単一のアベイラビリティゾーン(AZ)内に作成されています。DBインスタンスまたはAZが使用できない場合、Amazon Aurora Serverlessは、DBインスタンスを別のAZに作成します。この機能は、自動マルチAZフェイルオーバーとも呼ばれます。

このフェイルオーバーメカニズムは、Auroraプロビジョンドクラスターのフェイルオーバーよりも時間がかかります。Amazon Aurora Serverlessのフェイルオーバー時間は、AWSリージョン内の他のAZの需要やキャパシティーの可用性によって異なるため、現在は定義されていません。

Amazon Aurora Serverlessでは、コンピューティングキャパシティーとストレージは分離されるため、クラスターのストレージボリュームは複数のAZに分散されます。停止がDBインスタンスまたは関連するAZに影響する場合でも、データは引き続き利用することができます。

Amazon Aurora Serverlessのユースケース

Amazon Aurora Serverlessは、次のユースケース用に設計されています。

▶ 不定期使用のアプリケーション

1日または週に数回、それぞれ数分のみ使用されるアプリケーション(低ボリュームのブログサイトなど)が該当します。Amazon Aurora Serverlessでは、消費したデータベースリソース分のみの料金を秒単位で支払います。

▶ 新規アプリケーション

新しいアプリケーションをデプロイする場合、必要なインスタンスサイズが不明です。Amazon Aurora Serverlessでは、データベースのエンドポイントを作成し、アプリケーションのキャパシティー要件に応じてデータベースをオートスケーリングできます。

▶ 可変ワークロード

アプリケーションの使用頻度が低く、ピークは1日に数回または1年に数回、30分～数時間ほどです。人事管理、予算作成、運営報告用のアプリケーションなどが該当します。Amazon Aurora Serverlessでは、ピークキャパシティや平均キャパシティに合わせてプロビジョニングする必要がありません。

▶ 予測不能なワークロード

ワークロードの実行でデータベースを終日使用するが、アクティビティのピークが予測しがたい場合があります。雨が降り出したときにアクティビティが急増(サージ)するトラフィックサイトなどが該当します。Amazon Aurora Serverlessでは、アプリケーションのピーク時の負荷要件に合わせてデータベースのキャパシティーをオートスケーリングし、アクティビティのサージが過ぎたときにスケールバックします。

▶ 開発およびテスト用のデータベース

開発者は業務時間中にデータベースを使用しますが、夜間や週末には使用しません。Amazon Aurora Serverlessでは、不使用時のデータベースを自動的にシャットダウンします。

▶ マルチテナントのアプリケーション

フリート内のアプリケーションごとにデータベースキャパシティーを個別に管理する必要がありません。Amazon Aurora Serverlessが個別のデータベースキャパシティを自動的に管理します。

制限

現在は次の2つの互換エンジンをサポートしています。

- MySQL 5.6.10a
- PostgresSQL 10.7

パブリックIPアドレスを割り当てることはできず、Virtual Private Cloud(VPC)内からのみアクセスできます。

また、次の機能はサポートしていません。

- Amazon S3バケットからのデータの読み込み
- データをAmazon S3バケットに保存する
- Aurora MySQLネイティブ関数でのLambda関数の呼び出し
- Auroraレプリカ
- バックトラック
- マルチマスタークラスター
- データベースのクローン化
- IAMデータベース認証
- MySQL DBインスタンスからのスナップショットの復元
- Amazon RDSパフォーマンスインサイト

Data API

Data APIを使用できるのはMySQLのみとなります。Data APIは、DBクラスターへの永続的な接続を必要としません。代わりに、セキュアHTTPエンドポイントおよびAWS SDKで利用できます。エンドポイントを使用して、SQLステートメントを実行することができます。

Data APIへのすべての呼び出しは同期的です。デフォルトでは、呼び出しは、1分以内に処理が完了しないと、タイムアウトになって終了します。

現在サポートされているリージョンは次の通りです。

- 米国東部(バージニア北部)
- 米国東部 (オハイオ)
- 米国西部 (オレゴン)
- 欧州 (アイルランド)
- アジアパシフィック (東京)

Amazon Aurora Serverlessの詳細については、下記のドキュメントを参照してください。

- Auroraのユーザーガイド

  URL https://docs.aws.amazon.com/ja_jp/AmazonRDS/latest/AuroraUserGuide/aurora-serverless.html

Amazon CloudWatch

Amazon CloudWatchはAWSのサービス上で動作するリソースのモニタリングを行うためのサービスです。また、モニタリングだけではなく、AWS Lambdaなど、AWSの各サービスのログの保存に使われます。AWSのモニタリングサービスとして大きな役割があるAmazon CloudWatchについて、次の項目を解説します。

- メトリクス
- Logs
- Events
- Insights
- SaaSとの連携

メトリクス

メトリクスは、Amazon CloudWatchの基本的な概念です。Amazon CloudWatchに保存されるデータポイントのセットを表します。メトリクスにはさまざまなものがあり、EC2インスタンスのCPU使用率は標準的なメトリクスの1つです。

標準的なメトリクスと記載しましたが、各サービスにおいて、いくつかメトリクスが標準で用意されています。たとえば、AWS Lambdaでは、下表のようなものが用意されています。

メトリクス	説明
Invocations	関数コードが実行された回数
Errors	関数エラーが発生した呼び出しの回数
Throttles	スロットリングされた呼び出しリクエストの回数
Duration	関数コードがイベントの処理に費やす時間
ProvisionedConcurrentExecutions	プロビジョニングされた同時実行でイベントを処理している関数インスタンスの数
UnreservedConcurrentExecutions	同時実行が予約されていない関数によって処理されているイベントの数

一方、Amazon CloudWatchのエージェントやAmazon CloudWatchのAPI(PutMetric Data API)を使って、AWS上で動作するアプリケーションやEC2インスタンス上のサーバーのメモリ使用率やディスク使用率を取得することも可能です。これを**カスタムメトリクス**と呼びます。

EC2がわかりやすいですが、インスタンス自体でモニタリング可能なCPU使用率などのデータポイントは標準メトリクス、インスタンス上のサーバーOS上でしかモニタリングできないメモリ使用率などのデータポイントはカスタムメトリクスになると考えて問題ありません。

メトリクスは、通常では指定期間の統計を使って、可視化するケースが多いのではないでしょうか。その際、可能な統計としては下表のようなものがあります。

統計	説明
Minimum	最小値
Maximum	最大値
Sum	合計値
Average	平均値

メトリクスに対して、どの統計を使うことも可能ではありますが、適切なメトリクスを使った方がよいです。前述したAWS Lambdaのメトリクスの場合は、下表のようになります。

メトリクス	統計
Invocations	Sum
Errors	Sum
Throttles	Sum
Duration	Minimum、Maximum、Average
ProvisionedConcurrentExecutions	Sum
UnreservedConcurrentExecutions	Sum

また、メトリクスにはアラームを設定できます。おそらく、一番よく使われるのは、EC2インスタンスのオートスケーリング機能ではないでしょうか。

たとえば、稼働中のインスタンスのCPU使用率が90%の状態で、一定時間続いた場合、負荷が高まっていると判断されてアラームが実行されます。アラームが実行されるとオートスケーリング機能が実行され、もう1台インスタンスを起動し、処理を分散させて負荷を低減させます。

負荷が落ち着くと、インスタンスは自動で停止されます。これにより低負荷時に無駄な費用がかからないようになります。

Logs

Amazon CloudWatchはメトリクスだけではなく、ログの保存が可能になっています。Logsに保存されるものとしては、次の3つがあります。

- AWSネイティブなログ
- サービスが発行するログ
- ユーザー独自のアプリやオンプレミスのリソースから取得するログ

AWSネイティブなログは、Amazon Route 53やVPC Flow Logsのログが現在それに該当します。サービスが発行するログは、AWS Lambda、Amazon API Gateway、AWS Step Functionsのログなど、多くのサービスのログが発行されます。

ユーザー独自のアプリやオンプレミスのリソースから取得するログは、EC2インスタンス上のサーバーにAmazon CloudWatchエージェントをインストールし、特定のパスに出力されたログやシステムログをAmazon CloudWatchに転送するものです。インスタンスにログインしないと見られないようなログをCloudWatch Logsに転送することで、Amazon CloudWatchを通して、確認できます。

AWS Lambdaにおいては、CloudWatch Logs以外にログを保存することが難しいので、CloudWatch Logsにログを出力するように設定しておきましょう。

また、ログをフィルタリングすることで特定の文字列(たとえばFailed)が複数回、登場したら、メトリクスのデータポイントを発行する、Amazon SNSを使ってメール通知するなどの動作を行うこともできます。

Events

メトリクス、ログの収集により、AWSリソースに何らかの変化が発生した場合などに、AWSサービスを呼び出しことが可能です。これをEventsと呼びます。

リソースの変更をトリガーとするだけではなく、cron式を設定することで、定期的にAWSサービスを実行可能です。たとえば、日次処理をAWS Lambdaの関数で実行するようなケースでは、Eventsのcron式をセットして実行するケースが多いです。

余談ですが、cron式はUTCで記述する必要があるので、日本標準時からの時差を考慮して設定しましょう。

Insights

2018年のre:Inventで、CloudWatch Logsのデータをクエリ言語を使って、検索・分析の可能な**CloudWatch Logs Insights**が登場しました。Logsの検索機能は、フィルタリングはできたものの、非常に使いにくいものでした。しかし、CloudWatch Logs Insightsを使うことで、だいぶ楽になりました。

CloudWatch Logs Insightsのコンソールを開くとサンプルで表示されているのは、次のようなものです。

```
fields @timestamp, @message
| sort @timestamp desc
| limit 20
```

ログストリームと期間を選択し、クエリを実行すると、ログストリーム内のメッセージ(ログ本文)とその書き出された時刻を最大20件取得します。

他のSaaSとの連携

Amazon CloudWatch自体も多機能ですが、Datadog、New Relic、Mackerelなどのモニタリングsaasなどとの連携も可能になっています。筆者もAWS Lambdaの監視をDatadogで行っていたことがあり、エラーが定期的に発生し続け閾値を超えた場合には、インシデント管理サービスやSlackへの通知を行っていたことがありました。

詳細に関しては、下記の公式ドキュメントを参照してください。

- Amazon CloudWatchとは

  URL https://docs.aws.amazon.com/ja_jp/AmazonCloudWatch/latest/monitoring/WhatIsCloudWatch.html

Amazon Simple Queue Service (Amazon SQS)

Amazon Simple Queue Service(以降、Amazon SQS)は、マネージドなメッセージキューイングサービスです。Amazon SQSでは、標準キュー(メッセージの1回以上の配信を保証し、配信順序はベストエフォート)とFIFOキュー(メッセージの配信順序を先入れ先出しで保証)の2種類のキューが利用できます。

基本機能

Amazon SQSの基本機能は次のようになります。

- メッセージのペイロードは最大256KBのテキストデータ
- 最大14日間メッセージをキューに保持
- メッセージは受信されるとロックされて他からの取得不可(一定時間経過するとロックは解除され再度取得可能)
- 任意の回数正常に処理されなかったメッセージはキューと関連付けられたデッドレターキュー(任意の設定)に移動
- キューのメッセージが空の場合は最大20秒間ポーリング可能(ロングポーリング)
- AWS KMSでメッセージの暗号化が可能
- キューのメッセージを処理開始直後に重複して処理されないよう一時的に他のプロセスからは、メッセージを取得できなくする(可視性タイムアウト)

標準キュー

トランザクション性能がほぼ無制限なため、FIFOキューと比べてスループット性能に優れます。反面、メッセージの配信順序はベストエフォートであり、配信回数の1回以上になります。一度だけの処理で結果を保証するといった対応には不向きです。

◉標準キューのイメージ

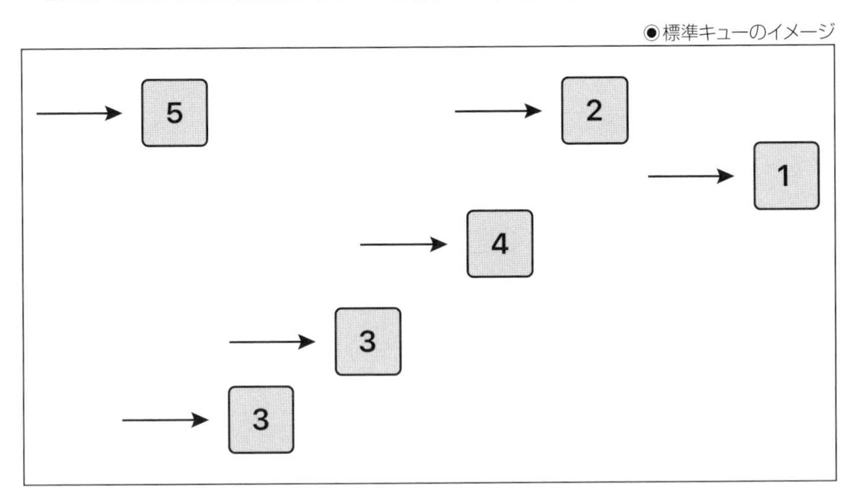

FIFOキュー

FIFOキューは毎秒最大300件(毎秒送信、受信、または削除処理が300件、バッチ処理を利用する場合は毎秒最大3000件)のメッセージをサポートします。

性能面では標準キューに劣りますが、メッセージの先入れ先出しの順序を保証します。FIFOキューにはメッセージグループという概念があり、同じメッセージグループに所属するメッセージはメッセージグループごとに順序を保証します。メッセージグループをまたいだメッセージの順序は保証されません。

重複削除IDを利用して5分(デフォルト)内に同じIDが再送された場合は後から送信されたメッセージを削除します。

FIFOキューを作成する場合は、キュー名の末尾に `.fifo` を付与する必要があります。

●FIFOキューのイメージ

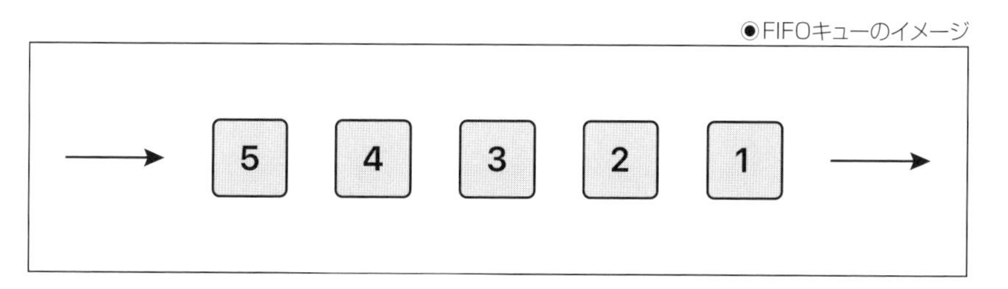

ユースケース

配信順序の厳格化やメッセージの重複削除を行いたい場合にスループット性能が必要でないときはFIFOキューを利用します。

メッセージ配信順序を厳格に保証する必要がない場合やスループット性能が必要な場合は標準キューを利用します。

AWS CodeCommit

AWS CodeCommitは、マネージドなGitリポジトリをホストするサービスで、低価格で高い可用性のプライベートな共有リポジトリを簡単に利用できます。プルリクエスト(ブランチから別のブランチへのコード変更を確認、コメント、およびマージする手段)も利用可能です。

AWS CodePipeline、AWS CodeBuild、AWS CodeDeployと組み合わせてAWSマネージドなCI/CDを実現する際によく利用されます。

トリガー

特定のリポジトリで指定したリポジトリイベントが発生すると、Amazon SNSやAWS Lambdaを呼び出すことができます。

承認ルールテンプレート

承認ルールテンプレートはプルリクエスト専用の承認ルールを用意することで、特定ユーザーや一定数以上の承認を得た場合にのみコードをマージを許可するというリポジトリの運用ルールになります。

このルールを利用すると、2名以上の承認がない場合はマージできないといったようにコードをマージするために必要なルールを指定できます。

ブランチモデルに合わせてリポジトリごとのマージ条件を設定すれば、品質の確保のためのマージルールを強制できるようになります。

利用料金

アクティブユーザーが5人以下の場合は下記の条件まで無料で利用できます。

- 50GBのストレージ/月
- 1万回のGitリクエスト/月

アクティブユーザーが6人以上の場合は追加ユーザーごとに月あたり1.00USD料金で下記の条件で利用できます。

- アクティブユーザーごとに10GBのストレージ/月
- アクティブユーザーごとに2000件のGitリクエスト/月

上記の条件を超える場合は下記の追加料金が発生します。

- 0.06USD/GB/月
- 0.001USD/Gitリクエスト

AWS CodePipeline

AWS CodePipelineは、ソフトウェアをリリースするために必要なステップ(ビルド、テスト、デプロイ)の視覚化および自動化に使用できるマネージド型の継続的なマネージド型の継続的デリバリーサービスです。ステージごとにアクションをまとめたパイプラインと呼ばれるソフトウェアのリリースプロセスを定義して利用します。

AWS CodeBuild、AWS CodeDeploy、AWS CodeCommitと組み合わせてAWSマネージドなCI/CDを実現する際によく利用されます。

パイプライン

パイプラインは一連のステージを組わせで構成されます。パイプラインはユーザーの任意のアクションやソースコードの変更をトリガーに実行できます。また、承認アクションを含めることで人による承認がなければアクションを継続できないようにすることも可能です。

ステージ

ステージは、連続または並列のテスト、ビルド、デプロイといったアクションで構成される論理ユニットです。

アクション

アクションは実行されるタスクのことで、パイプラインのアクションはステージ設定の定義に従い、指定された順番で直列、または並列で実行されます。

AWS CodePipelineの有効なアクションカテゴリは下記の通りです。

- ソース
- ビルド
- テスト
- デプロイ
- 承認
- 呼び出し

アクションカテゴリごとに有効なアクションプロバイダが異なります。次ページの表がアクションカテゴリごとに利用可能なアクションプロバイダの関係になります。

アクションカテゴリ	アクションプロバイダ
送信元	Amazon S3
	Amazon ECR
	AWS CodeCommit
	CodeStarSourceConnection(Bitbucket)
	GitHub
ビルド	AWS CodeBuild
	カスタム CloudBees
	カスタム Jenkins
	カスタム TeamCity
テスト	AWS CodeBuild
	AWS Device Farm
	カスタム BlazeMeter
	サードパーティー GhostInspector
	カスタム Jenkins
	サードパーティー Micro Focus StormRunner Load
	サードパーティー Nouvola
	サードパーティー Runscope
デプロイ	Amazon S3
	AWS CloudFormation
	AWS CodeDeploy
	Amazon ECS
	Amazon ECS(Blue/Green)
	Elastic Beanstalk
	AWS OpsWorks
	AWS Service Catalog
	Amazon Alexa
	カスタム XebiaLabs
承認	手動
呼び出し	AWS Lambda

カテゴリとアクションプロバイダの詳細は下記を確認してください。

- CodePipelineパイプライン構造のリファレンス

  URL https://docs.aws.amazon.com/ja_jp/codepipeline/latest/userguide/reference-pipeline-structure.html

パイプラインの停止

パイプラインはCLIやWebUIから実行を停止できます。パイプラインの実行を停止する方法は2つあります。

▶停止して待機

進行中のアクションが完了するまで待ちます。後続のアクションを実行しません。

▶停止して中止

進行中のアクションを中止します。後続のアクションを実行しません。

パイプライン実行時の注意点

パイプラインは同時に複数の実行を処理できますが、パイプラインステージは一度に1つのだけ実行可能でステージは処理中はロックされ同時に同じステージを実行することはできません。

アーティファクト

パイプラインアクションによって処理されるアプリケーションのソースコード、定義ファイル、ビルド済みモジュールなどのデータの集合体です。アクションの入力に利用するのは入力アーティファクト、アクションの処理結果として出力するものは出力アーティファクトと呼ばれ、アクションの入出力として利用されます。

AWS CodeBuild

AWS CodeBuildは、ソースコードをコンパイルし、ユニットテストを実行してデプロイ可能なアーティファクトを作成するマネージドなサービスです。

Apache Maven、Gradleなどの一般的なプログラミング言語とビルドツール用のパッケージ済みのビルド環境を利用したり、カスタマイズしたビルド環境で独自のビルドツールを利用することもできます。

AWS CodePipeline、AWS CodeDeploy、AWS CodeCommitと組み合わせてAWSマネージドなCI/CDを実現する際によく利用されます。

イメージ

AWS CodeBuildで管理されるDockerイメージのプラットフォームは下記の通りです。

- Amazon Linux 2
- Ubuntu 18.04
- Windows Server Core 2016(一部のリージョンでのみ利用可能)

Ubuntu標準イメージ2.0以降、またはAmazon Linux 2.0、標準イメージ1.0以降を使用する場合はbuildspec.ymlの指定で下記のランタイムを個別にインストールして利用可能です。

ランタイム名	バージョン
android	28、29
Docker	18
dotnet	2.2
dotnet(Amazon Linux 2:2.0、Ubuntu Standard:3.0)	3.0
dotnet	3.1
Golang	1.12、1.13
NodeJS	8、10
nodejs(Amazon Linux 2:2.0、Ubuntu Standard:3.0のみ)	10.18、12.14
java(Ubuntuのみ)	openjdk8、openjdk11
java(Amazon Linux 2のみ)	corretto8、corretto11
php	7.3
php	7.4
python	3.7
python(Amazon Linux 2:2.0、Ubuntu Standard:3.0のみ)	3.8
ruby	2.6

これらのプラットフォームやランタイム以外を利用したい場合などはカスタマイズしたDockerイメージを利用してビルドを行うことができます。

■ 利用料金

ビルド時間はビルドを送信してからビルドが終了するまでの時間で、分単位で切り上げられます。

下記は東京リージョンでの1分辺りの料金です。Windows Server Core 2016は東京リージョンでは利用できないためAmazon Linux 2、Ubuntu 18.04の料金になります。

コンピューティングインスタンスタイプ	メモリ	vCPU	1分あたりの料金
general1.small	3GB	2	0.005USD
general1.medium	7GB	4	0.01USD
general1.large	15GB	8	0.02USD
general1.2xlarge	144GiB	72	0.25USD
arm1.large	16GiB	8	0.02USD
gpu1.large	244GiB	32	0.90USD

SECTION-012

AWS CodeDeploy

AWS CodeDeployは、Amazon EC2、AWS Fargate、AWS Lambda、オンプレミスのサーバーなど、さまざまなコンピューティングサービスへのソフトウェアのデプロイを自動化する、フルマネージド型のサービスです。サーバーアプリケーション、サーバーレスアプリケーション、コンテナアプリケーションなどに最小のダウンタイムで最適なデプロイを実現するしたり、エラーが発生した場合に自動または手動でデプロイを停止してロールバックできます。

AWS CodePipeline、AWS CodeBuild、AWS CodeCommitと組み合わせてAWSマネージドなCI/CDを実現する際によく利用されます。

デプロイタイプ

AWS CodeDeployには稼働中サーバーに対して新しいアプリケーションに置き換えるインプレースデプロイ、稼働中サーバー(ブルー)とは別のサーバー(グリーン)に対してアプリケーションを配置して動作確認で問題なければ切り替えるブルー/グリーンデプロイの2種類のデプロイ方法があります。

ブルー/グリーンデプロイは、アプリケーションの新しいバージョンの変更による中断を最小限に抑えながら、アプリケーションを更新するために使用します。ブルー/グリーンデプロイはデプロイ先のコンピューティングプラットフォームにより振る舞いが異なります。

AWS Lambda

Lambda関数の場合は、特定のバージョンから、同じLambda関数の新しいバージョンにトラフィックを移行します。

トラフィックの移行の際に次の方法が利用できます。

デプロイ設定	説明
AllAtOnce	すべてのトラフィックを新しいLambda関数に一度に移行する
線形(X PercentEvery Y Minute)	Y分ごとにトラフィックをXパーセントずつ移行する
Canary(X Percent Y Minute)	最初にXパーセントのトラフィックを移行して、Y分後に残りのトラフィックを移行する

Amazon ECS

Amazon ECSサービスのタスクセットから、同じAmazon ECSサービスの最新の置き換えタスクセットにトラフィックを移行します。

トラフィックの移行の際に次の方法が利用できます。

デプロイ設定	説明
AllAtOnce	一度に可能な限り多くのインスタンスへアプリケーションリビジョンをデプロイし、1つでも成功したらデプロイは成功したと判断する。トラフィックを再ルーティングして少なくとも1つのインスタンスに正常にルーティングできれば成功
HalfAtATime	一度に最大半分のインスタンスへアプリケーションリビジョンをデプロイし、半分のインスタンスにデプロイできた場合は成功したと判断する。トラフィックを再ルーティングして少なくとも半分のインスタンスに正常にルーティングできれば成功
OneAtATime	一度に1台のインスタンスへアプリケーションリビジョンをデプロイする。トラフィックをトラフィックがすべての置き換え先インスタンスに正常に再ルーティングできれば成功

Amazon Simple Storage Service (Amazon S3)

Amazon Simple Storage Service(以降、Amazon S3)は従量課金で容量無制限の高耐久性(99.999999999%)を誇るオブジェクトストレージサービスです。膨大な量のデータをバケットに保存することが可能で、各オブジェクトに最大5TBのデータを格納できます。

オープンデータフォーマットをサポートし、AWS分析サービスと連携することからAmazon S3はデータレイクとして利用されることが多いです。

ストレージクラス

Amazon S3は、ライフサイクルを通じてデータを管理する機能が搭載されているのでS3ライフサイクルポリシーを利用してデータを自動的に別のストレージクラスに移すことが可能です。アクセス頻度やデータの重要度に応じてストレージクラスを使い分けることで利用料金を最適化することができます。

ストレージクラスの種類は、次の通りです。

- Amazon S3 標準(高頻度アクセスの汎用ストレージ用)
- Amazon S3 Intelligent-Tiering(未知のアクセスパターンのデータ、またはアクセスパターンが変化するデータ用)
- Amazon S3 標準 - 低頻度アクセス(S3標準 - IA)
- Amazon S3 1 ゾーン - 低頻度アクセス(S3 1 ゾーン - IA)
- Amazon S3 Glacier(S3 Glacier、アーカイブ)
- Amazon S3 Glacier Deep Archive(S3 Glacier Deep Archive)(長期アーカイブおよびデジタル保存)

セキュリティ

Amazon S3は暗号化を使用したデータの保護が可能です。クライアントサイドでファイルを暗号化する方法やサーバーサイドでファイルを暗号化する方法があります。

クライアントサイドではAWS Key Management Service(AWS KMS)に保存されているカスタマーマスターキー(CMK)を利用することが可能です。

サーバーサイドでは、Amazon S3が管理するキーによるサーバー側の暗号化(SSE-S3)、AWS Key Management Serviceに保存されているカスタマーマスターキー(CMK)によるサーバー側の暗号化(SSE-KMS)、利用者が指定したキーによるサーバー側の暗号化(SSE-C)が利用できます。

IAMポリシー、バケットポリシー、バケットACLでアクセス制御を行い、AWS CloudTrailログ、Amazon CloudWatchアラーム、Amazon S3アクセスログ、AWS Trusted Advisorと連動してログ記録やモニタリングを行えます。

バージョン管理

Amazon S3バケットに設定を行うことでオブジェクトのバージョンを世代管理することができます。バージョニングを有効にすることで誤ってオブジェクトの上書きや削除をしても以前のバージョンに復元することができます。

バージョニングはデフォルトでは無効状態ですが、一度でも有効にすると二度とデフォルトの無効状態にすることはできません。バージョニングをやめたい場合はバージョニングを停止する必要があります。

レプリケーション

Amazon S3ではオブジェクトをレプリケーションすることで異なるバケット間でオブジェクトを自動で非同期コピーすることができます。

レプリケーションの種類は次の通りです。

種類	説明
クロスリージョンレプリケーション(CRR)	異なるAWSリージョンのAmazon S3バケット間でオブジェクトをコピーする
同一リージョンレプリケーション(SRR)	同一のAWSリージョン内のAmazon S3バケット間でオブジェクトをコピーする

レプリケーションを利用すると、メタデータを保持したままオブジェクトをコピーすることができます。

コンプライアンス要件を満たすためや、災害対策(DR)のためにオブジェクトを地理的に離れたアベイラビリティゾーンにデータを保存(CRR)したり、データ主権法などで国外に持ち出せないデータを異なるバケットにレプリケート(SRR)することで保護することができます。

静的ウェブサイトのホスティング

Amazon S3バケットをウェブサイトホスティング用に設定することで静的ウェブサイトをホスティングできます。高頻度のアクセスを想定する場合はAmazon CloudFrontを使ってキャッシュを利用したり、AWS WAFなどを使ってしてセキュリティを確保して利用したりします。

署名付きURL

署名付きURLは、有効期限を設けて署名付きのURLからオブジェクトにアクセスできるようにするための機能です。アクセス制限にしているオブジェクトのポリシーを緩めることなく一時的に他のユーザにオブジェクトへのアクセス権を与えることが可能になります。

有効期限内であれば誰でも署名付きURL経由でオブジェクトにアクセスできるようになるので取り扱いには注意が必要です。

AWS Step Functions

AWS Step FunctionsはAWSの各種サービスを実行可能なワークフローを作成可能なサーバーレスなサービスです。ステップ実行され、並列処理、エラーハンドリングなどを組み合わせることができるので、バッチ処理などに利用することができるサービスになっています。

ここでは、AWS Step Functionsの概要や特徴について、解説します。

AWS Step Functionsとは

AWS Step Functionsは、2016年のre:InventでAWS Lambda用のワークフロー管理として発表されたサービスです。当初はAWS Lambdaの呼び出しのみ実行可能なものでしたが、現在では、Amazon ECS、AWS Fargateなどのコンピューティングサービスのみならず、Amazon DynamoDBなどの呼び出しも可能になっており、開始当初よりも高機能になっています。

その最大の利点は、アプリケーションのワークフローをビジネスロジックから独立して管理可能になるため、ワークフローの変更がビジネスロジック側に影響を与えることはありません。

マネージドサービスであるため、ステートマシンが稼働するインフラをユーザーが管理する必要はありません。また、自動スケーリングの機能を備えているため、処理負荷が高まった場合でも、高いパフォーマンスを維持し続けます。そして、リージョン内のすべてのAZでの動作が保証されているため、サービス自体とサービスで実行されるワークフローの両方の可用性が高くなっています。

基本概念

AWS Step Functionsでは、状態とTask、最低限この2つを押さえておく必要があります。状態は、ステートマシンの構成要素で内部でさまざまな関数を実行できます。

- Task
- Choice
- Fail
- Succeed
- Pass
- Wait
- Parallel
- Map

このうち、Taskは関数内でAWS LambdaなどのAWSサービスのARNを指定することで、連携可能なサービスを呼び出すことが可能です。

下記にTaskの定義のサンプルを記載します。 Resource パラメータに呼び出すAWSのサービスのARNを指定し、実行します。この例では、タイムアウトが指定されていますが、呼び出しシステム側で、処理がループするなどした場合も、タイムアウト値に達すると処理を待機をやめて、次の処理に遷移します。

```
"HelloLambdaState": {
  "Type": "Task",
  "Resource": "arn:aws:states:ap-northeast-1:123456789012::function:HelloLambda",
  "TimeoutSeconds": 300,
  "HeartbeatSeconds": 60,
  "Next": "NextState"
}
```

その他、選択分岐(Chocie)、待機(Wait)、並列実行(Parallel)、処理失敗時(Fail)などが用意されているので、それを組み合わせて、多彩なワークフローを定義することが可能になっています。個別の処理の詳細については、ここでは解説しないので、下記の公式ドキュメントを参照していただければと思います。

- AWS Step Functions - 状態

  URL https://docs.aws.amazon.com/ja_jp/step-functions/latest/dg/concepts-states.html

設定容易なコンソール

AWS Step Functionsでは、処理をAmazon States LanguageというJSON形式をベースとした言語で記述します。下記がそのサンプルです。

```
{
  "Comment": "Step Functions Example.",
  "StartAt": "Rescued princess",
  "States": {
    "Rescued princess": {
      "Comment": "Rescued princess",
      "Type": "Pass",
      "Next": "Do you take me back to the castle?"
    },
    "Do you take me back to the castle?": {
      "Comment": "Do you take me back to the castle?",
      "Type": "Choice",
      "Choices": [
        {
          "Variable": "$.IsErdrickSelect",
          "BooleanEquals": true,
          "Next": "Yes"
        },
        {
          "Variable": "$.IsErdrickSelect",
```

```
            "BooleanEquals": false,
            "Next": "No"
          }
        ],
        "Default": "No"
      },
      "Yes": {
        "Comment": "Select Yes.",
        "Type": "Pass",
        "Next": "You hugged the princess."
      },
      "You hugged the princess.": {
        "Comment": "You hugged the princess.",
        "Type": "Pass",
        "Next": "Wait"
      },
      "Wait": {
        "Comment": "Wait...1sec.",
        "Type": "Wait",
        "Seconds": 1,
        "Next": "I'm happy..."
      },
      "I'm happy...": {
        "Comment": "I'm happy...",
        "Type": "Pass",
        "Next": "Return to the castle."
      },
      "No": {
        "Comment": "Select No.",
        "Type": "Pass",
        "Next": "Such terrible ..."
      },
      "Such terrible ...": {
        "Comment": "Such terrible ...",
        "Type": "Pass",
        "Next": "Do you take me back to the castle?"
      },
      "Return to the castle.": {
        "Type": "Pass",
        "End": true
      }
    }
}
```

これをAWS Step Functionsのエディタに貼り付けて、ビジュアルエディタをリロードすると、次のように表示されます。

●ビジュアルエディタ表示例1

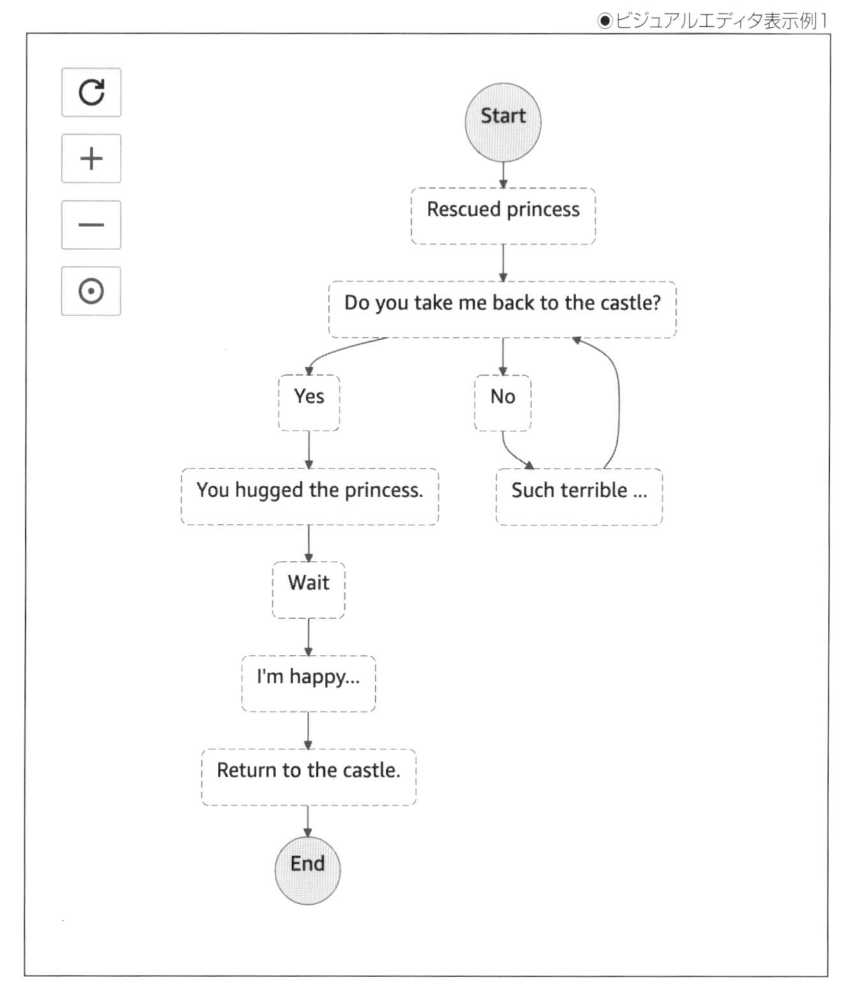

エディタ上で構文エラーがあれば、エラーも表示されるので、構文エラーもチェックの上で、保存することが可能です。

登場当初は、一度、作成してしまうと、修正ができず、別のステートマシンを作成する必要がありましたが、現在は、作成したステートマシンの編集が可能になっています。

実行してみて、処理の順番を変更する、Waitの秒数を調整するということも、エディタ上で容易に変更が可能です。

テスト実行についても、AWS Lambdaと同じく、実行名やパラメータをJSON形式で定義することで、コンソール上から実行可能です。

◉実行パラメータ例

```
{
    "Comment": "Sample JSON.",
    "IsErdrickSelect":true
}
```


そして、どのように実行されているかについても、ビジュアルワークフローで確認可能です。

◉ビジュアルエディタ処理表示例1

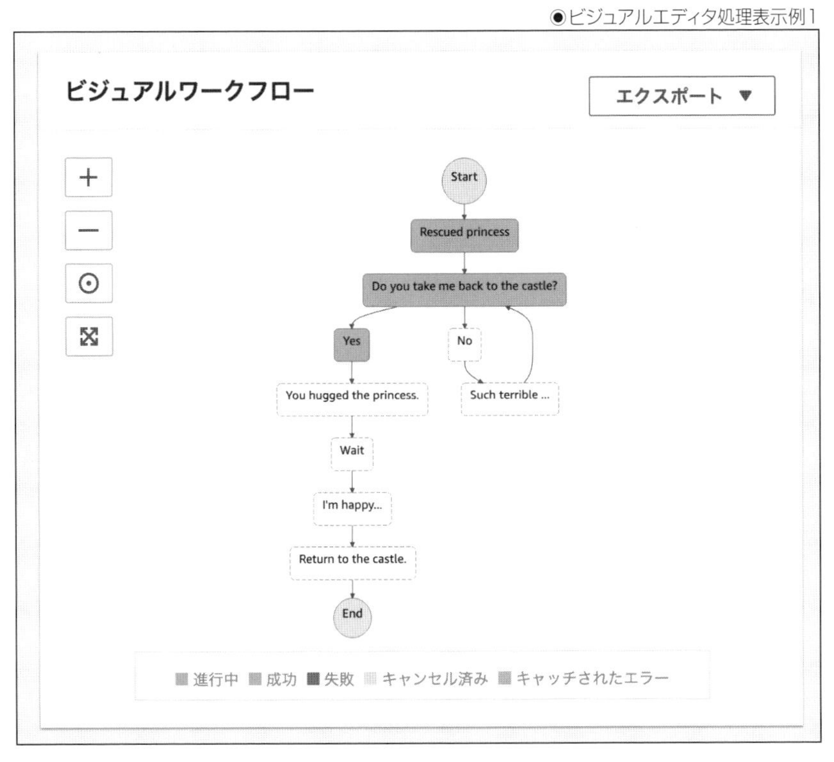

次ページの図は、処理が正常終了した場合です。すべてのフローが緑で表示されています。

●ビジュアルエディタ処理表示例2

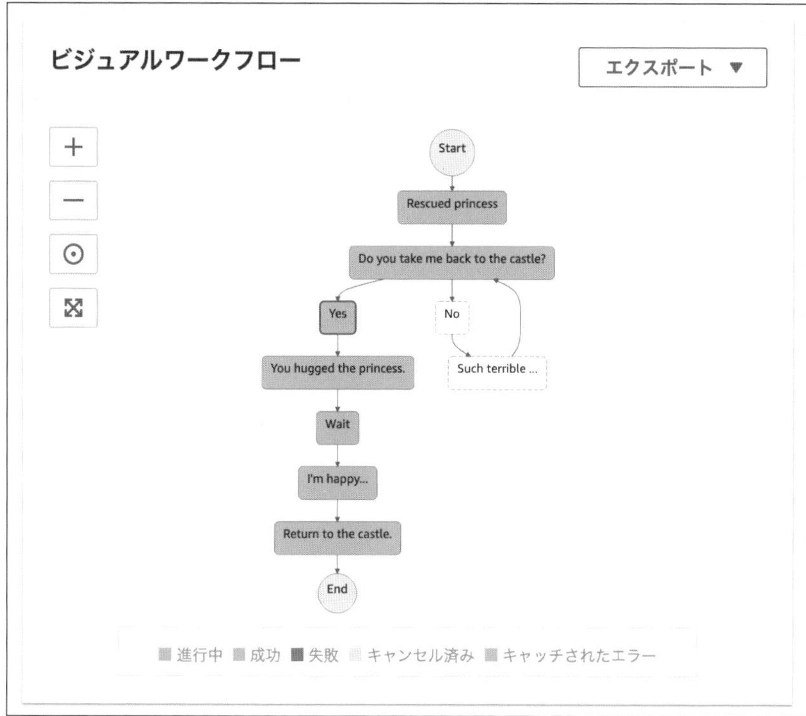

このように、作成中のフロー、また結果がビジュアル的にわかるため、非常に設定、確認が容易になっています。

また、最近のアップデートで、CloudWatch Logsへログを保存できるようになったため、ログについても、従来より扱いやすくなっています。

AWSサービスとの統合

登場当初は、Lambda関数の実行のみ可能でしたが、2020年3月現在、次のAWSのサービスとの連携が可能です。

- AWS Lambda
- AWS Batch
- Amazon DynamoDB
- Amazon Elastic Container Service(Amazon ECS)
- Amazon Simple Notification Service(Amazon SNS)
- Amazon Simple Queue Service(Amazon SQS)
- AWS Glue
- Amazon SageMaker
- Amazon EMR
- AWS Step Functions Workflow

Amazon ECSやAWS Batchのタスクの実行が可能になったのみならず、AWS Lambdaなどで行う必要があった、Amazon DynamoDBやAmazon SQSなどのマネージドサービスへの連携がAWS Step Functionsのステートマシン上から直接できるようになったのは、非常に便利になったと思います。

組み込み型のエラー処理

AWS Step Functionsでは、フロー内でエラーになった場合、非常に容易に処理を制御することが可能です。たとえば、AWS Lambda側でネットワークエラーなどによって一時的に処理が失敗した場合、TaskにRetryフィールドをセットしておくと、キャッチするExceptionの種類、待機時間、最大のリトライ回数などを定義し、再実行することが可能です。エラーの場合は、そのままCatchして、次の処理の進むということも、Catchフィールドをセットすることで可能です。

AWS Step Functions Express Workflow

AWS Step Functions Express Workflowはre:Invent 2019で発表された新しいタイプのワークフローです。

今までのワークフローと異なる点は、毎秒10万イベントを超える呼び出しレートをサポートするよう設計(従来のステートマシン(以降、標準タイプ)では毎秒あたり2000)されていて高パフォーマンスでありながら、リクエスト100万件あたり1.00ドル、GB秒あたり0.00000456ドルという低価格が設定されていて、標準タイプよりも低コストで実行できるメリットがあります。

利点もありますが、いくつか、標準タイプと異なる点があります。

たとえば、ワークフローが実行される際、**少なくとも1回**のワークフロー実行が行われるということです。1回以上実行されることもあるので、べき等性の制御を行っておく必要があります。

実行期間の最大値にも違いがあり、標準タイプでは最大1年間ですが、Express Workflowでは最大5分間になっています。

また、ログに関しては、CloudWatch Logsに書き出され、前述した標準タイプでの実行結果を見る機能が提供されていない点にも注意が必要です。

そのため、AWS Step Functions Express Workflowは、IoTデータの取り込み、ストリーミングデータの処理と変換など、短時間に大量のイベントを処理するようなワークロードに最適です。

本書では紹介していないことも多くあります。詳細に関しては、下記の公式ドキュメントを参照してください。

- AWS Step Functionsとは

  URL https://docs.aws.amazon.com/ja_jp/step-functions/latest/dg/welcome.html

Amazon DynamoDB

Amazon DynamoDBはフルマネージドなKey-Value型のNoSQLデータベースサービスで利用状況に応じて3つのアベイラビリティゾーンに分散してデータを管理します。

グローバルテーブルを利用すればマルチリージョンでのマルチマスターデータベースとして利用も可能で、サーバーレスアプリケーションやモバイルバックエンドでデータストアとして利用されます。

基本構成

テーブル、項目、属性で構成されており、テーブルは項目の集合、項目は属性の集合になります。一般的なデータベースと同様にテーブルに項目を保存し、項目数に制限はありません。テーブルにはプライマリキーを指定する必要があります。プライマリキーはテーブルの各項目を一意に識別するため、テーブル内で重複することはできません。項目は1つ以上の属性で構成され、合計400KB以内である必要があります。

キャパシティーユニット

テーブルへの読み込み／書き込みに対するキャパシティーユニットという秒間のI/O性能に関する設定があります。

Amazon DynamoDBではこのI/O性能について2つの考えに別れています。

- プロビジョニング済み
- オンデマンド

それぞれのインデックスは簡単に説明すると次のようになります。

プロビジョニング済み

アプリケーションに必要な1秒あたりの読み込みと書き込みのキャパシティユニットをあらかじめ割り当てます。利用状況に合わせて手動でキャパシティユニットを増減させたり、オートスケーリングさせたりすることで、あらかじめ指定した範囲でキャパシティユニットを増減させることも可能です。

東京リージョンでの利用料金は次の通りです。

プロビジョニングするスループットタイプ	時間あたりの料金
書き込みキャパシティーユニット(WCU)	0.000742USD/WCU
読み込みキャパシティーユニット(RCU)	0.0001484USD/RCU

リザーブドキャパシティを利用する場合は前ページの利用料金よりもかなり割安になります。ただし、リージョン、数量、期間を指定する必要があります。利用料金については、1回のみの前払い料金と期間中に1時間単位で請求されます。東京リージョンでの利用料金は次の通りです。

期間	請求	書き込みキャパシティー100ユニットあたり	読み込みキャパシティー100ユニットあたり
1年	1回のみの前払い料金	171.40USD	34.20USD
	1時間あたりの単価	0.0147USD	0.0029USD
3年	1回のみの前払い料金	205.60USD	41.00USD
	1時間あたりの単価	0.0093USD	0.0018USD

▶ オンデマンド

事前に性能を割り当てることなく利用状況に合わせて支払う従量課金制です。トラフィックの予想が難しい場合やキャパシティプランニングでの利用となります。

東京リージョンでの利用料金は次の通りです。

料金タイプ	料金
書き込みリクエスト単位	書き込みリクエスト100万あたり1.4269USD
読み込みリクエスト単位	読み込みリクエスト100万あたり0.285USD

整合性

デフォルトでは結果整合性のある読み込みという結果整合性モデルになっています。これはデータを3箇所に保持しているので書き込み時は2箇所に書き込みが終わった段階で書き込みが成功したとして、残り1箇所も結果的に更新するという考え方になります。

読み込み時はどこから読むかは不明なので、場合によってはまだ更新の終わってない3箇所目から読み込む場合があります。

そこで変更されたデータを確実に読み込むことのできる、**強力な整合性のある読み込み**という機能があります。この機能は書き込みオペレーションの更新が反映された結果をデータの取得を保証します。

ただし、次のような制約があるので注意が必要です。

- ネットワーク遅延や停止がある場合には利用できない
- 結果整合性のある読み込みよりもレイテンシーが高くなる場合がある
- グローバルセカンダリインデックスではサポートしていない
- スループット容量が多く使用される

強力な整合性のある読み込みはConsistentReadパラメータで指定可能です。

インデックス

グローバルセカンダリインデックスとローカルセカンダリインデックスの2つのインデックスをサポートしています。デフォルトでは、グローバルセカンダリインデックスが20、ローカルセカンダリインデックスが5で制限されています。

それぞれのインデックスは簡単に説明すると次のようになります。

▶グローバルセカンダリインデックス

ベーステーブルに対して異なるパーティションキーとソートキーを適用したテーブルを作成します。

▶ローカルセカンダリインデックス

ベーステーブルに対して同一のパーティションキーと異なるソートキーを適用したテーブルを作成します。

ポイントインタイムリカバリ

ポイントインタイムリカバリは、DynamoDBテーブルデータを自動バックアップする機能でおおよそ5分くらい前から最長35日前のデータに復元可能です。復元の際にデータは新しいテーブルとして復元します。

ポイントタイムリカバリを利用して運用する場合はテーブル名が変わることを意識する必要があります。

Streams

Streamsは、テーブルに対する変更（追加、更新、削除）のイベントを検出し、AWS Lambdaにデータを送ることができる機能です。追加データ、変更データ、削除データを受け取ることができるので受け取ったデータを利用して任意の処理が可能です。

AWS Cloud9

AWS Cloud9は、クラウドベースでブラウザを使ってコードを記述、実行、デバッグできるコードエディター、デバッガー、ターミナルを含んだ統合開発環境です。Google Chrome、Safari、Firefox、Microsoft Edgeの最新バージョンをサポートしており、インターネットに接続した端末を使用して、オフィスや自宅などから利用できます。

ワークスペースを共有するとペアプログラミングを行うことができ、互いの入力をリアルタイムに確認できます。グループチャット機能もあるので、簡単なコミュニケーションであれば、AWS Cloud9だけで完結できるのも特徴です。

ホスト

AWS Cloud9のワークスペースに利用するホストマシンはEC2を使ったAmazon LinuxやUbuntuマシンを利用する以外に、Amazon LinuxやUbuntu以外のAMIを利用したEC2インスタンスを使用したり、SSHを利用してオンプレミス環境や異なるパブリッククラウド環境上のLinux上にCloud9をインストールして利用できます。

ホストを自分で用意する場合はホストのライフサイクル管理やセットアップに必要なソフトウェアの導入は独自に行う必要があります。要件や手順については下記の公式資料に記載があります。

- AWS Cloud9 SSH 開発環境 ホスト要件

  URL https://docs.aws.amazon.com/ja_jp/cloud9/latest/user-guide/ssh-settings.html

AWS Cloud9はユーザーの定義した時間利用がない場合に自動でEC2インスタンスを停止する機能がありますが、これはEC2を使った環境に限ります。

利用料金

EC2環境を利用する場合は、利用するEC2インスタンスのインスタンスタイプごとのコンピューティング料金とストレージ料金が必要になります。

AWS Cloud9は利用料金が不要なため、SSHを利用したホスト環境を利用するなら追加料金は発生しません。

サポートしているプログラミング言語

AWS Cloud9は、Node.js、Python、PHP、Ruby、Go、C++や他の数多くのプログラミング言語をサポートしています。一般的なプログラミング言語のシンタックスハイライト、アウトラインビュー、コードヒント、コード補完、アプリケーション実行機能、ステップスルーデバッグなどの機能が含まれており、統合開発環境としての基本機能は揃っています。

現時点での言語ごとのサポート状況は下記のユーザーガイドで確認することができます。

- Language Support in the AWS Cloud9 Integrated Development Environment(IDE)
  URL https://docs.aws.amazon.com/cloud9/latest/user-guide/language-support.html

AWSとの親和性

AWS Cloud9はServerless Application Model(SAM)をサポートしているので、SAMテンプレートを使用してサーバーレスアプリケーション用のリソースを簡単に定義できます。

さらに、AWS Cloud9からLambda関数を作成してデバッグやデプロイを行えるので、AWS Lambdaコンソールを開いて関数に新しいモジュールをアップロードといった作業が省けます。

エディター

Aceをベースとしており、ブラウザ上での動作でありながら一般的なエディタアプリケーションと比較しても遜色のない利便性を持っています。

- Ace
  URL https://ace.c9.io/

シンタックスハイライト、自動インデント、コード補完、ペイン分割、バージョン管理ツールとの統合など一般的なIDEがもっている機能はサポートしており、比較的大きなファイルでも開くことができます。

Monokaiなどのカラーテーマも利用可能で、Emacsキー割り当てやVimキー割り当てなどのキー割り当てが利用できるため、自分好みにカスタマイズも可能です。

File Revision History

AWS Cloud9では、すべてのファイルの作成してから最後に保存されたところまでの変更情報が履歴として保存されており、あとから任意の履歴に戻すがことできます。

この機能はGitのようにユーザーが自分で明示的にバージョンの管理をする必要がなく、AWS Cloud9側で自動的に履歴を保存してくれます。以前のリビジョンに戻したい場合は、ファイルリビジョン履歴(File Revision History)ペインを表示して戻りたいリビジョンを指定するだけです。

ファイル履歴の再生(Playback file history)ボタンをクリックすると履歴を順番に実行してくれるのでファイル内の変更の流れがわかります。

SECTION-017

AWS X-Ray

AWS X-RayはAWS Lambdaなどで利用可能なアプリケーション分析やデバッグを行うことのできるサービスです。アプリケーションにSDKを組み込むことで、AWSサービス間のみならず、外部API呼び出しなどのモニタリングも行うことが可能です。

ここでは、AWS X-Rayの概要や利用方法について解説します。

AWS X-Rayとは

AWS X-Rayは2016年のre:Inventで発表されたモニタリング、デバッグを行うサービスです。可視化されて表示されるため、たとえば、AWS Lambdaがタイムアウトがするというケースで、どこの処理で時間がかかっているのかを調べる際に有益です。

利用方法

ここでは、AWS Lambdaの関数内にAWS X-RayのSDKの組み込みを行い、実際に、AWS X-Rayのコンソール上でモニタリングを行うまでの手順を解説します。

▶ AWS Lambdaの場合の例

AWS Lambdaのマネージメントコンソールに、次の設定があります。

AWS X-Ray 情報

アクティブトレースを有効にして、呼び出しのサブセットタイミングとエラー情報を記録します。

☐ アクティブトレース

X-Ray のトレースを表示

上図の**アクティブトレース**をONにして保存をすると、有効になります。該当のAWS Lambda単体のみであれば、このチェックをONにするだけで、モニタリング可能です。

AWS Lambdaから呼び出す他のAWSサービスのレスポンスなどをモニタリングする場合には、後述するプログラムへの組み込みを行う必要があります。

▶プログラムへの組み込み

下記は、180ページで説明している「サーバーレスで作る在宅勤務中の勤務時間登録システム」で利用しているAWS Lambdaのプログラムの一部です。

```
const AWSXRay = require('aws-xray-sdk')
const AWS = AWSXRay.captureAWS(require('aws-sdk'));
AWS.config.update({ region: 'ap-northeast-1' });
const kms = new AWS.KMS();
AWSXRay.captureHTTPsGlobal(require('https'))
AWSXRay.capturePromise();
const axios = require('axios');
```

X-Ray SDKをAWS Lambdaに組み込み(1行目)、AWS SDKをラッピング(2行目)することで、AWS SDKを使って呼び出すAWSサービスのリクエストをモニタリングできます。

この例では、外部APIの呼び出しをHTTPリクエストで行っていますが、こちらもリクエスト時に使っているモジュールをラッピング(6、7行目)することで、モニタリングできます。

なお、AWS Lambdaだけではなく、EC2、ECSなどで実行するアプリケーションにおいて、同じような設定を組み込むことで、モニタリングすることが可能です。

なお、現在、サポートされている言語は次のようになります。

- Node.js
- Python
- Java
- .NET
- Go
- Ruby

コンソール画面

実際に、上記のロジックをプログラムに組み込んだAWS Lambdaを実行させると、どうなるか、コンソール画面で見てみましょう。Traceの画面では、次のように表示されます。

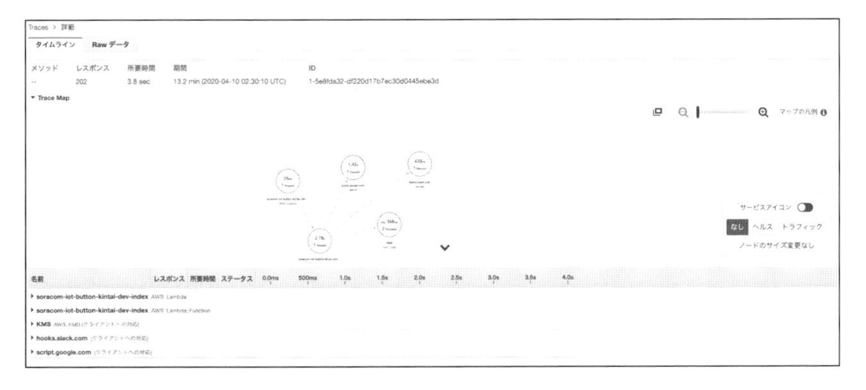

それぞれを細かく見ていきましょう。

所要時間**3.8sec**とあるので、この実行では、4秒弱時間がかかったことになっています。

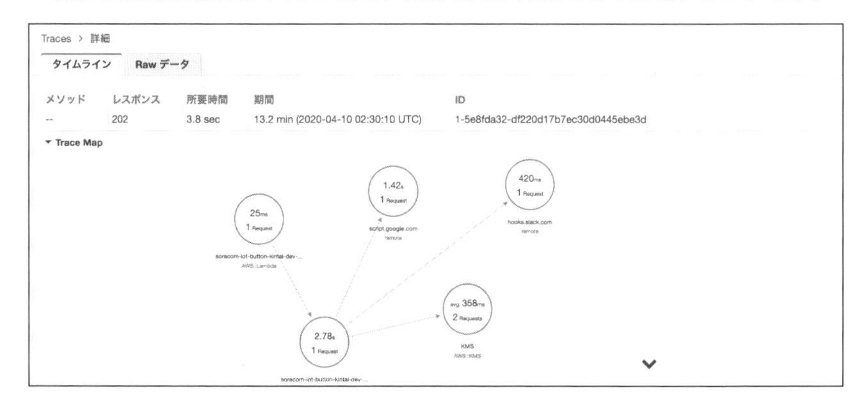

TraceMapのところは、実行したAWS LambdaとAWS Lambdaから呼び出されている外部サービスの所要時間がマップとして表示されています。同じサービスを複数回呼び出した場合(例だとKMS)は平均(Avg.)で表示されます。

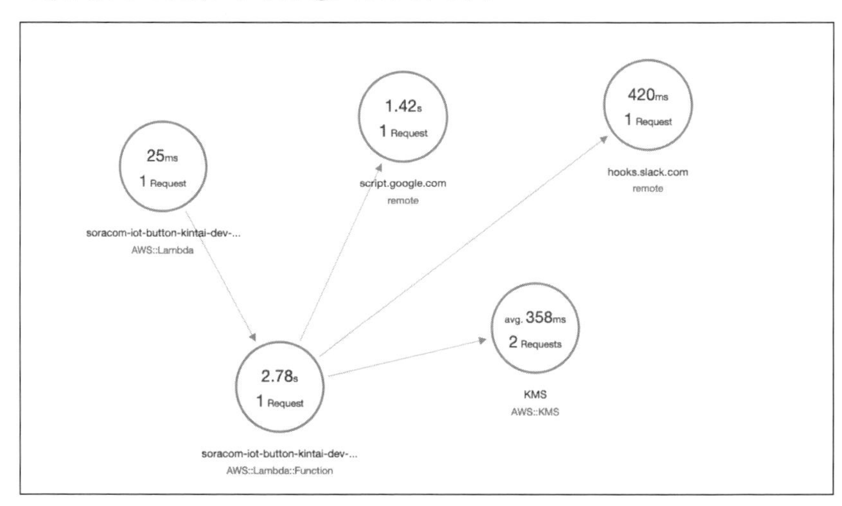

TraceMap下部では、モニタリングしているサービスが一覧で表示されます。AWS Lambdaの初期化(Initialization)に618ミリ秒、、AWS Lambda自体の実行時間は、2.8秒かかっていること、呼び出しているサービスなどのうち、**script.google.com(Google Apps Scriptのエンドポイント)**のリクエスト時間が1.4秒かかっているなどのことがわかります。

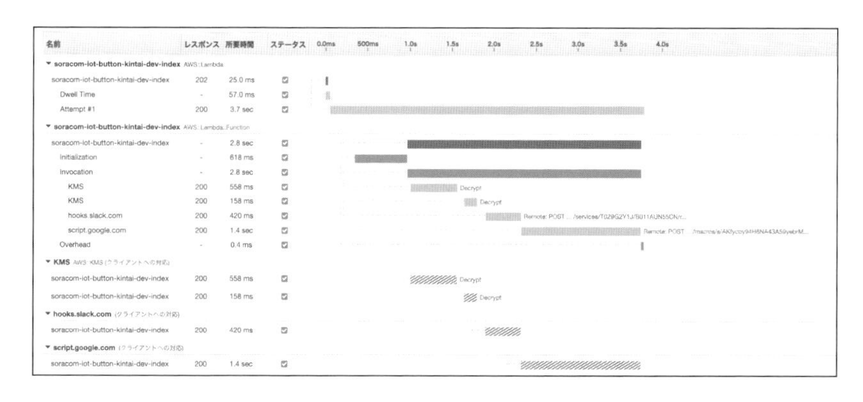

活用例

では、この画面を見てどうするかですが、たとえば、AWS Lambdaの初回実行時に時間がかかることが多いので、X-Rayを組み込んで可視化したところ、Initializationに時間がかかっていることがわかりました。

その場合、AWS Lambdaのモジュール自体が肥大化している可能性もあるので、そちらを減らすことを検討しましょう。

一方、AWS Lambda自体の処理が時間がかかったことがわかった場合、無駄な処理がないかなど確認します。

また、異常系の調査にも使えるので、たとえば、一時的にAWS Lambdaがタイムアウトするという事象が何件か発生したので、どこで時間がかかっているのかという調査にも利用できます。

今回の設定を例にすると、実行中タイムアウトが発生し、コンソールで確認したところ、SlackのWebhook URLをリクエスト(hooks.slack.com)した際の処理に時間がかかり、AWS Lambdaがタイムアウトしたことがわかりました。

該当時間にSlack側で障害が起きていなかったか、Slack側で問題なければAWS側のネットワークで何らかの障害が起きていなかったかなどの切り分けに使うことができます。

利用料金

利用料金ですが、トレースの記録と取得・スキャンに対して課金が発生します。東京リージョンでは次になっています。

- トレースの記録100万件あたり5.00USD(トレース1件あたり0.000005USD)
- トレースの取得100万件あたり0.50USD(トレース1件あたり0.0000005USD)
- トレースのスキャン100万件あたり0.50USD(トレース1件あたり0.0000005USD)

なお、期限なしの無料利用枠が用意されており、毎月以下の枠までは無料で使うことができます。

- トレースの記録は10万回まで無料
- トレースの取得とスキャンは合わせて100万回まで無料

サポート対象のAWSのサービスなどの詳細に関しては、下記の公式ドキュメントを参照してください。

- AWS X-Rayとは何ですか。

  URL https://docs.aws.amazon.com/ja_jp/xray/latest/devguide/aws-xray.html

CHAPTER 03

サーバーレスアプリケーションの構築

SECTION-018

フレームワーク

EC2を利用したアプリケーションを構築する場合にCloudFormationやTerraformを利用して構成管理を行うことが多いと思います。

サーバーレスアプリケーションでは効率的に作業が行えるように、AWS SAMとServerless Frameworkなどが利用されることが多いです。

どちらもサーバーレスアプリケーションを作成する上でメジャーなフレームワークで、それぞれ素晴らしい機能を備えています。

今回は機能比較などは行わずに、それぞれの簡単な使い方を紹介します。ご自身で実際に利用されて、プロジェクトにあったフレームワークがあれば利用を検討してください。

AWS SAM

AWS Serverless Application Model(以降、AWS SAM)は、サーバーレスにアプリケーション構築用のフレームワークです。サーバーレスアプリケーションでよく利用されるAmazon API GatewayやAWS Lambdaなどのリソースを、CloudFormationに比べて簡略した定義で作成することができます。

AWS SAMを利用することでLambda関数をローカル環境で実行し、問題を検知することも可能です。

AWS SAMはAWS CodePipelineやAWS CodeStarなど、AWSのリソースと親和性が高いのが特徴です。

▶使い方

ここではAWS SAMの利用方法について説明します。AWS SAM CLIを利用するための事前準備については公式のドキュメントを確認してください。

- AWS SAM CLIのインストール

  URL https://docs.aws.amazon.com/ja_jp/serverless-application-model/latest/developerguide/serverless-sam-cli-install.html

本書では、次のバージョンのSAM CLIを利用して説明します。

```
$ sam --version
SAM CLI, version 0.37.0
```

任意の作業ディレクトリに移動し、初期化を実行してAWSのクイックスタートテンプレートを選択します。

```
$ sam init
Which template source would you like to use?
    1 - AWS Quick Start Templates
    2 - Custom Template Location
Choice: 1
```

次に利用するランタイムを指定する必要があるので、本書では 2 を入力して、Python 3.8 のサンプルプロジェクトを作成します。

```
Which runtime would you like to use?
    1 - nodejs12.x
    2 - python3.8
    3 - ruby2.5
    4 - go1.x
    5 - java11
    6 - dotnetcore2.1
    7 - nodejs10.x
    8 - nodejs8.10
    9 - nodejs6.10
    10 - python3.7
    11 - python3.6
    12 - python2.7
    13 - java8
    14 - dotnetcore2.0
    15 - dotnetcore1.0
Runtime: 2
```

プロジェクト名を聞かれますが、今回はデフォルトの名称を利用するため、入力を省略します。

```
Project name [sam-app]:
```

利用するテンプレートの最新版を利用するか確認があるので Y を入力して最新をダウンロードするようにします。

```
Quick start templates may have been updated. Do you want to re-download the latest [Y/n]: Y
```

テンプレートの種類を聞かれるので 1 の「Hello World Example」を選択します。

```
AWS quick start application templates:
    1 - Hello World Example
    2 - EventBridge Hello World
    3 - EventBridge App from scratch (100+ Event Schemas)
Template selection: 1
```

次の通り、選択した結果が表示されれば、テンプレートの作成は完了です。

```
-----------------------
Generating application:
-----------------------
Name: sam-app
Runtime: python3.8
Dependency Manager: pip
Application Template: hello-world
Output Directory: .

Next steps can be found in the README file at ./sam-app/README.md
```

次にテンプレートから作成したプロジェクトをビルドします。

```
$ cd sam-app/
$ sam build
Building resource 'HelloWorldFunction'
Running PythonPipBuilder:ResolveDependencies
Running PythonPipBuilder:CopySource

Build Succeeded

Built Artifacts  : .aws-sam/build
Built Template   : .aws-sam/build/template.yaml

Commands you can use next
=========================
[*] Invoke Function: sam local invoke
[*] Deploy: sam deploy --guided
```

ビルドが成功すると `.aws-sam` ディレクトリ配下にテンプレートやアーティファクトが生成されます。

アーティファクトをローカルで実行して動作結果を確認してみましょう。専用のDocker container imageを自動的にダウンロードし、コンテナを利用して関数を実行するので、事前にDockerが利用可能な環境を用意する必要があります（Dockerの設定手順は前記の公式のドキュメントに記載されています）。

```
$ sam local invoke
Invoking app.lambda_handler (python3.8)

Fetching lambci/lambda:python3.8 Docker container image......
Mounting /PATH/TO/WORKDIR/sam-app/.aws-sam/build/HelloWorldFunction as /var/
task:ro,delegated inside runtime container
START RequestId: b929ff37-c814-1253-2c7b-b88ff9ac4d79 Version: $LATEST
END RequestId: b929ff37-c814-1253-2c7b-b88ff9ac4d79
REPORT RequestId: b929ff37-c814-1253-2c7b-b88ff9ac4d79    Init Duration: 333.39 ms
Duration: 16.10 ms    Billed Duration: 100 ms    Memory Size: 128 MB    Max Memory Used:
23 MB

{"statusCode":200,"body":"{\"message\": \"hello world\"}"}
```

無事、実行結果を取得することができました。

では、プログラムを変更して変更が正しく反映されているかを確認しましょう。`hello_world/app.py` ファイルを任意のエディタで編集して次のように変更します。

SAMPLE CODE hello_world/app.py

```
def lambda_handler(event, context):
    return {
        "statusCode": 200,
        "body": json.dumps({
-           "message": "hello world",
+           "message": "hello world!",
            # "location": ip.text.replace("\n", "")
        }),
    }
```

ビルドを実行してアーティファクトを更新します。

```
$ sam build
Building resource 'HelloWorldFunction'
Running PythonPipBuilder:ResolveDependencies
Running PythonPipBuilder:CopySource

Build Succeeded

Built Artifacts  : .aws-sam/build
Built Template   : .aws-sam/build/template.yaml

Commands you can use next
=========================
[*] Invoke Function: sam local invoke
[*] Deploy: sam deploy --guided
```

ビルドが成功したらローカルで実行し、変更が反映されているか確認します。

```
$ sam local invoke
Invoking app.lambda_handler (python3.8)

Fetching lambci/lambda:python3.8 Docker container image......
Mounting /PATH/TO/WORKDIR/sam-app/.aws-sam/build/HelloWorldFunction as /var/
task:ro,delegated inside runtime container
START RequestId: 1ff3e206-740d-1c3b-b918-bc57bb871e1e Version: $LATEST
END RequestId: 1ff3e206-740d-1c3b-b918-bc57bb871e1e
REPORT RequestId: 1ff3e206-740d-1c3b-b918-bc57bb871e1e  Init Duration: 186.21 ms
Duration: 4.92 ms   Billed Duration: 100 ms   Memory Size: 128 MB   Max Memory Used:
23 MB

{"statusCode":200,"body":"{\"message\": \"hello world!\"}"}
```

ローカルの実行結果に変更が反映されました。

次にこの修正結果をデプロイします。デプロイを実行するとAWS CloudFormationのスタック名を聞かれるのでデフォルトの名称を利用するため、入力を省略します。

```
$ sam deploy --guided
Configuring SAM deploy
======================

    Looking for samconfig.toml :  Not found

    Setting default arguments for 'sam deploy'
    =========================================
    Stack Name [sam-app]:
```

次に利用するリージョンを聞かれるので、ここでは東京リージョン `ap-northeast-1` を入力します。

```
    AWS Region [us-east-1]: ap-northeast-1
```

デプロイするリソースの変更内容を表示するために `y` を入力します。

```
    #Shows you resources changes to be deployed and require a 'Y' to initiate deploy
    Confirm changes before deploy [y/N]: y
```

SAM CLIにIAM Roleの作成権限を付与するか聞かれるので `y` を入力します。

```
    #SAM needs permission to be able to create roles to connect to the resources in your
template
    Allow SAM CLI IAM role creation [Y/n]: y
```

設定を **samconfig.toml** に保存するか聞かれるので **y** を入力します。

```
save arguments to samconfig.toml [Y/n]: y
```

変更セットの内容が表示され、デプロイするか確認されるので **y** を入力します。

```
    Looking for resources needed for deployment: Found!

        Managed S3 bucket: aws-sam-cli-managed-default-samclisourcebucket-166q058y1z14
        A different default S3 bucket can be set in samconfig.toml

    Saved arguments to config file
    Running 'sam deploy' for future deployments will use the parameters saved above.
    The above parameters can be changed by modifying samconfig.toml
    Learn more about samconfig.toml syntax at
    https://docs.aws.amazon.com/serverless-application-model/latest/developerguide/
serverless-sam-cli-config.html

    Deploying with following values
    ===============================
    Stack name                   : sam-app
    Region                       : ap-northeast-1
    Confirm changeset            : True
    Deployment s3 bucket         : aws-sam-cli-managed-default-samclisourcebucket-
166q058y1z14
    Capabilities                 : ["CAPABILITY_IAM"]
    Parameter overrides          : {}

Initiating deployment
=====================
Uploading to sam-app/f217709e2484d633cd24d7b33b7330c2  532294 / 532294.0  (100.00%)
Uploading to sam-app/f4eb2b7bba819db375d3082f6618ba1a.template  1089 / 1089.0  (100.00%)

Waiting for changeset to be created..

CloudFormation stack changeset
-------------------------------------------------------------------------------------
---------
Operation    LogicalResourceId                          ResourceType
-------------------------------------------------------------------------------------
---------
+ Add        HelloWorldFunctionHelloWorldPermissionProd AWS::Lambda::Permission
+ Add        HelloWorldFunctionRole                     AWS::IAM::Role
+ Add        HelloWorldFunction                         AWS::Lambda::Function
+ Add        ServerlessRestApiDeployment47fc2d5f9d      AWS::ApiGateway::Deployment
+ Add        ServerlessRestApiProdStage                 AWS::ApiGateway::Stage
+ Add        ServerlessRestApi                          AWS::ApiGateway::RestApi
```

```
-------------------------------------------------------------------------------------
---------

Changeset created successfully. arn:aws:cloudformation:ap-northeast-
1:012345678901:changeSet/samcli-deploy1578453401/a9934f17-7253-496a-8fc1-d6171241ec73


Previewing CloudFormation changeset before deployment
======================================================
Deploy this changeset? [y/N]: y
```

しばらくするとCloudFormationを利用してリソースが作成されます。

```
yyyy-MM-dd HH:mm:ss - Waiting for stack create/update to complete

CloudFormation events from changeset
-------------------------------------------------------------------------------------
-------------------------------------------------
ResourceStatus          ResourceType                      LogicalResourceId
ResourceStatusReason
-------------------------------------------------------------------------------------
-------------------------------------------------
CREATE_IN_PROGRESS      AWS::IAM::Role                    HelloWorldFunctionRole
-
CREATE_IN_PROGRESS      AWS::IAM::Role                    HelloWorldFunctionRole
Resource creation Initiated
CREATE_COMPLETE         AWS::IAM::Role                    HelloWorldFunctionRole
-
CREATE_IN_PROGRESS      AWS::Lambda::Function             HelloWorldFunction
-
CREATE_IN_PROGRESS      AWS::Lambda::Function             HelloWorldFunction
Resource creation Initiated
CREATE_COMPLETE         AWS::Lambda::Function             HelloWorldFunction
-
CREATE_IN_PROGRESS      AWS::ApiGateway::RestApi          ServerlessRestApi
-
CREATE_IN_PROGRESS      AWS::ApiGateway::RestApi          ServerlessRestApi
Resource creation Initiated
CREATE_COMPLETE         AWS::ApiGateway::RestApi          ServerlessRestApi
-
CREATE_IN_PROGRESS      AWS::Lambda::Permission           HelloWorldFunctionHelloWorldPe
rmissionProd          -
CREATE_IN_PROGRESS      AWS::ApiGateway::Deployment       ServerlessRestApiDeployment47f
c2d5f9d               -
CREATE_IN_PROGRESS      AWS::ApiGateway::Deployment       ServerlessRestApiDeployment47f
c2d5f9d               Resource creation Initiated
CREATE_IN_PROGRESS      AWS::Lambda::Permission           HelloWorldFunctionHelloWorldPe
```

```
rmissionProd        Resource creation Initiated
CREATE_COMPLETE         AWS::ApiGateway::Deployment        ServerlessRestApiDeployment47f
c2d5f9d             -
CREATE_IN_PROGRESS      AWS::ApiGateway::Stage             ServerlessRestApiProdStage
-
CREATE_IN_PROGRESS      AWS::ApiGateway::Stage             ServerlessRestApiProdStage
Resource creation Initiated
CREATE_COMPLETE         AWS::ApiGateway::Stage             ServerlessRestApiProdStage
-
CREATE_COMPLETE         AWS::Lambda::Permission            HelloWorldFunctionHelloWorldPe
rmissionProd        -
CREATE_COMPLETE         AWS::CloudFormation::Stack         sam-app
-
-----------------------------------------------------------------------------------------
----------------------------------------------------

Stack sam-app outputs:
-----------------------------------------------------------------------------------------
-----------------------------------------------------------------------------------------
-----------
OutputKey-Description
OutputValue
-----------------------------------------------------------------------------------------
-----------------------------------------------------------------------------------------
-----------
HelloWorldFunctionIamRole - Implicit IAM Role created for Hello World function
arn:aws:iam::012345678901:role/sam-app-HelloWorldFunctionRole-ER2BCG0ONNLP
HelloWorldApi - API Gateway endpoint URL for Prod stage for Hello World function
https://abcdefghij.execute-api.ap-northeast-1.amazonaws.com/Prod/hello/
HelloWorldFunction - Hello World Lambda Function ARN
arn:aws:lambda:ap-northeast-1:012345678901:function:sam-app-HelloWorldFunction-
6KFIOKLIE1WV
-----------------------------------------------------------------------------------------
-----------------------------------------------------------------------------------------
-----------

Successfully created/updated stack - sam-app in ap-northeast-1
```

`OutputValue` に出力されているAmazon API Gatewayのエンドポイントにアクセスすると、値を取得することができます。

```
$ curl https://abcdefghij.execute-api.ap-northeast-1.amazonaws.com/Prod/hello/
{"message": "hello world!"}
```

プログラムを変更してデプロイしてみましょう。`hello_world/app.py`ファイルを任意のエディタで編集して次のように変更します。

SAMPLE CODE hello_world/app.py

```
def lambda_handler(event, context):
    return {
        "statusCode": 200,
        "body": json.dumps({
-           "message": "hello world!",
+           "message": "hello world!!",
            # "location": ip.text.replace("\n", "")
        }),
    }
```

ビルドを実行してアーティファクトを更新します。

```
$ sam build
Building resource 'HelloWorldFunction'
Running PythonPipBuilder:ResolveDependencies
Running PythonPipBuilder:CopySource

Build Succeeded

Built Artifacts  : .aws-sam/build
Built Template   : .aws-sam/build/template.yaml

Commands you can use next
=========================
[*] Invoke Function: sam local invoke
[*] Deploy: sam deploy --guided
```

ビルドが成功したらローカルで実行し、変更が反映されているか確認します。

```
$ sam local invoke
Invoking app.lambda_handler (python3.8)

Fetching lambci/lambda:python3.8 Docker container image......
Mounting /PATH/TO/WORKDIR/sam-app/.aws-sam/build/HelloWorldFunction as /var/
task:ro,delegated inside runtime container
START RequestId: df95c8cf-96a7-1708-7d98-6b96ab6abacd Version: $LATEST
END RequestId: df95c8cf-96a7-1708-7d98-6b96ab6abacd
REPORT RequestId: df95c8cf-96a7-1708-7d98-6b96ab6abacd    Init Duration: 164.28 ms
Duration: 3.92 ms    Billed Duration: 100 ms    Memory Size: 128 MB    Max Memory Used:
23 MB

{"statusCode":200,"body":"{\"message\": \"hello world!!\"}"}
```

ローカルで変更が反映されていることが確認できたのでデプロイします。すでにデプロイしていて、設定が **samconfig.toml** に保存されているので **--guided** パラメータを省略してデプロイを行います。変更セットの内容が表示され、デプロイするか確認されるので **y** を入力します。

```
$ sam deploy

    Deploying with following values
    ===============================
    Stack name                 : sam-app
    Region                     : ap-northeast-1
    Confirm changeset          : True
    Deployment s3 bucket       : aws-sam-cli-managed-default-samclisourcebucket-
166q058y1z14
    Capabilities               : ["CAPABILITY_IAM"]
    Parameter overrides        : {}

Initiating deployment
=====================
Uploading to sam-app/f68d6621c0705674124432dcb92b0280  532295 / 532295.0  (100.00%)
Uploading to sam-app/31f6cf20d6db8466841a67074dc6fcb4.template  1089 / 1089.0  (100.00%)

Waiting for changeset to be created..

CloudFormation stack changeset
-----------------------------------------------------------------------
Operation     LogicalResourceId      ResourceType
-----------------------------------------------------------------------
* Modify      HelloWorldFunction     AWS::Lambda::Function
* Modify      ServerlessRestApi      AWS::ApiGateway::RestApi
-----------------------------------------------------------------------


Changeset created successfully. arn:aws:cloudformation:ap-northeast-
1:012345678901:changeSet/samcli-deploy1578454743/963a0a60-1791-4127-93ef-b5b1fcaee499



Previewing CloudFormation changeset before deployment
======================================================
Deploy this changeset? [y/N]: y
```

しばらくするとCloudFormationを利用してリソースが更新されます。

```
yyyy-MM-dd HH:mm:ss - Waiting for stack create/update to complete

CloudFormation events from changeset
-------------------------------------------------------------------------------------------------
-------------------------------------
ResourceStatus                           ResourceType                   LogicalResourceId
ResourceStatusReason
-------------------------------------------------------------------------------------------------
-------------------------------------
UPDATE_IN_PROGRESS                       AWS::Lambda::Function          HelloWorldFunction
-
UPDATE_COMPLETE                          AWS::Lambda::Function          HelloWorldFunction
-
UPDATE_COMPLETE_CLEANUP_IN_PROGRESS      AWS::CloudFormation::Stack     sam-app
-
UPDATE_COMPLETE                          AWS::CloudFormation::Stack     sam-app
-
-------------------------------------------------------------------------------------------------
-------------------------------------

Stack sam-app outputs:
-------------------------------------------------------------------------------------------------
-------------------------------------------------------------------------------------------------
--------
OutputKey-Description
OutputValue
-------------------------------------------------------------------------------------------------
-------------------------------------------------------------------------------------------------
--------
HelloWorldFunctionIamRole - Implicit IAM Role created for Hello World function
arn:aws:iam::012345678901:role/sam-app-HelloWorldFunctionRole-ER2BCG0ONNLP
HelloWorldApi - API Gateway endpoint URL for Prod stage for Hello World function
https://abcdefghij.execute-api.ap-northeast-1.amazonaws.com/Prod/hello/
HelloWorldFunction - Hello World Lambda Function ARN
arn:aws:lambda:ap-northeast-1:240066575649:function:sam-app-HelloWorldFunction-
6KFIOKLIE1WV
-------------------------------------------------------------------------------------------------
-------------------------------------------------------------------------------------------------
--------

Successfully created/updated stack - sam-app in ap-northeast-1
```

`OutputValue` に出力されているAmazon API Gatewayのエンドポイントにアクセスすると、変更後の値を取得することができます。

```
$ curl https://abcdefghij.execute-api.ap-northeast-1.amazonaws.com/Prod/hello/
{"message": "hello world!!"}
```

このようにAWS SAMを利用するとローカルでLmabda関数を実行したり、簡単なコマンドでアプリケーションをデプロイすることができます。

この他にも `start-api` コマンドを利用することでAPIの呼び出しを含めたアプリケーションの動作をローカル環境で確認することができます。

```
$ sam local start-api
Mounting HelloWorldFunction at http://127.0.0.1:3000/hello [GET]
You can now browse to the above endpoints to invoke your functions. You do not need
to restart/reload SAM CLI while working on your functions, changes will be reflected
instantly/automatically. You only need to restart SAM CLI if you update your AWS SAM
template
yyyy-MM-dd HH:mm:ss  * Running on http://127.0.0.1:3000/ (Press CTRL+C to quit)
```

上記の状態で、エンドポイントにリクエストを送るとローカル環境でもAPIの実行結果を取得することができます。

```
$ curl http://127.0.0.1:3000/hello
{"message": "hello world!!"}
```

`start-api` もDocker container imageを利用してLambda関数を実行しています。

```
yyyy-MM-dd HH:mm:ss 127.0.0.1 - - [dd/mmm/yyyy HH:mm:ss] "GET / HTTP/1.1" 403 -
Invoking app.lambda_handler (python3.8)

Fetching lambci/lambda:python3.8 Docker container image......
Mounting /PATH/TO/WORKDIR/sam-app/.aws-sam/build/HelloWorldFunction as /var/
task:ro,delegated inside runtime container
START RequestId: 52f70bd9-671a-135f-05c8-5b206c14059d Version: $LATEST
END RequestId: 52f70bd9-671a-135f-05c8-5b206c14059d
REPORT RequestId: 52f70bd9-671a-135f-05c8-5b206c14059d    Init Duration: 216.25 ms
Duration: 6.97 ms    Billed Duration: 100 ms    Memory Size: 128 MB    Max Memory Used:
23 MB
No Content-Type given. Defaulting to 'application/json'.
yyyy-MM-dd HH:mm:ss 127.0.0.1 - - [08/Jan/2020 12:56:25] "GET /hello HTTP/1.1" 200 -
```

リソースをAWSアカウントから駆除したい場合はスタックを削除する必要があります。AWS SAMのコマンドでは削除できないので、ここではAWS CLIを利用して削除するコマンドを参考として記載します。

```
$ aws cloudformation delete-stack --stack-name sam-app
```

この他にも、次のような多数の機能があります。

- テンプレートの検証機能(sam validate)
- SAMアプリケーションのパッケージ化(sam package)
- SAMアプリケーションをAWS Serverless Application Repositoryで公開(sam publish)
- Lambda関数のログを確認する(sam logs)
- Lambda関数実行時のイベントパラメータのテンプレート生成(sam local generate-event)

サーバーレスアプリケーションを開発するにあたり効率的な開発が可能になります。

テンプレートもCloudFormationを拡張したものなので、CloudFormationの利用経験があればすぐに利用できるようになると思います。

AWS製ということもあり、AWSのリソースとの連携しやすく作られているので、AWSに特化するのであればとても便利なフレームワークになります。

Serverless Framework

Serverless FrameworkもAWS SAMと同じように、デプロイを実行すると、AWS Cloud Formationに変換されてアプリケーションの構築を高速化することができます。

AWS SAMと異なり、Google Cloud FunctionsやAzure Functionsにも対応しています。AWS SAMに比べるとAWSサービスへの連携のしやすさは劣りますが、複数のクラウドプラットフォームで利用できるという特徴があります。

他にもServerless Frameworkの特徴として豊富なプラグイン機能があります。「こんな機能があれば」と思ったら一度、プラグインを探してみるとよいかもしれません。

- Serverless Plugins Directory
  URL https://serverless.com/plugins/

▶使い方

ここでは、Serverless Frameworkの利用方法について説明します。Serverless Frameworkを利用するための事前準備については公式のドキュメントを確認してください。

- Serverless Getting Started Guide
  URL https://serverless.com/framework/docs/getting-started/
- Serverless Framework - AWS Lambda Guide - Credentials
  URL https://serverless.com/framework/docs/providers/aws/guide/credentials/

本書では、次のバージョンのServerless Frameworkを利用して説明します。

```
$ sls version
Framework Core: 1.60.5
Plugin: 3.2.7
SDK: 2.2.1
Components Core: 1.1.2
Components CLI: 1.4.0
```

任意の作業ディレクトリに移動し、`sls-app`という名前のAWS用のPython3のサービスを作成します(Serverless FrameworkのサービスとはAWS SAMのプロジェクトのようなものです)。

```
$ sls create --template aws-python3 --name sls-app
Serverless: Generating boilerplate...
 -------                             --
|   _   .-----.----.--.--.-----.----|  .-----.-----.-----.
|   |___|  -__|   _|  |  |  -__|   _|  |  -__|__ --|__ --|
|____   |_____|__|  \___/|_____|__| |__|_____|_____|_____|
|   |   |             The Serverless Application Framework
|       |                           serverless.com, v1.60.5
 -------'


Serverless: Successfully generated boilerplate for template: "aws-python3"
```

プロジェクトが完成すると、カレントディレクトリに必要なファイルが作成されます。

AWS SAMと比較しやすいように`serverless.yml`の設定を少しだけ修正してAmazon API Gatewayを追加します。

SAMPLE CODE serverless.yml

```
-#  region: us-east-1
+  region: ap-northeast-1

...

-#    events:
-#      - http:
-#          path: users/create
-#          method: get
+    events:
+      - http:
+          path: hello
+          method: get
```

デプロイを実行してリソースを作成します。

```
$ sls deploy
Serverless: Packaging service...
Serverless: Excluding development dependencies...
Serverless: Creating Stack...
Serverless: Checking Stack create progress...
........
Serverless: Stack create finished...
Serverless: Uploading CloudFormation file to S3...
Serverless: Uploading artifacts...
Serverless: Uploading service sls-app.zip file to S3 (1.96 KB)...
Serverless: Validating template...
```

```
Serverless: Updating Stack...
Serverless: Checking Stack update progress...
...............................
Serverless: Stack update finished...
Service Information
service: sls-app
stage: dev
region: ap-northeast-1
stack: sls-app-dev
resources: 11
api keys:
  None
endpoints:
  GET - https://zyxwvutsrq.execute-api.ap-northeast-1.amazonaws.com/dev/hello
functions:
  hello: sls-app-dev-hello
layers:
  None
Serverless: Run the "serverless" command to setup monitoring, troubleshooting and
testing.
```

出力されているAmazon API Gatewayのエンドポイントにアクセスすると、値を取得することができます。

```
$ curl https://zyxwvutsrq.execute-api.ap-northeast-1.amazonaws.com/dev/hello
{"message": "Go Serverless v1.0! Your function executed successfully!", "input": { ... }}
```

プログラムを変更してデプロイしてみましょう。 `handler.py` ファイルを任意のエディタで編集して次のように変更します。

SAMPLE CODE handler.py

```
    body = {
-       "message": "Go Serverless v1.0! Your function executed successfully!",
+       "message": "Go Serverless v1.0! Your function executed successfully!!",
        "input": event
    }
```

変更した内容が適切か確認するためにローカルでLambda関数を実行して結果を確認します。

```
$ sls invoke local --function hello
{
    "statusCode": 200,
    "body": "{\"message\": \"Go Serverless v1.0! Your function executed successfully!!\"
, \"input\": {}}"
}
```

ローカルで変更が反映されていることが確認できたのでデプロイします。

```
$ sls deploy
Serverless: Packaging service...
Serverless: Excluding development dependencies...
Serverless: Uploading CloudFormation file to S3...
Serverless: Uploading artifacts...
Serverless: Uploading service sls-app.zip file to S3 (2.35 KB)...
Serverless: Validating template...
Serverless: Updating Stack...
Serverless: Checking Stack update progress...
..............
Serverless: Stack update finished...
Service Information
service: sls-app
stage: dev
region: ap-northeast-1
stack: sls-app-dev
resources: 11
api keys:
  None
endpoints:
  GET - https://zyxwvutsrq.execute-api.ap-northeast-1.amazonaws.com/dev/hello
functions:
  hello: sls-app-dev-hello
layers:
  None
Serverless: Run the "serverless" command to setup monitoring, troubleshooting and testing.
```

出力されているAmazon API Gatewayのエンドポイントにアクセスすると、変更後の値を取得することができます。

```
$ curl https://zyxwvutsrq.execute-api.ap-northeast-1.amazonaws.com/dev/hello
{"message": "Go Serverless v1.0! Your function executed successfully!!", "input": { ... }}
```

リソースをAWSアカウントから削除したい場合は`remove`コマンドを利用します。

```
$ sls remove
Serverless: Getting all objects in S3 bucket...
Serverless: Removing objects in S3 bucket...
Serverless: Removing Stack...
Serverless: Checking Stack removal progress...
...................
Serverless: Stack removal finished...
```

この他にもLambda関数のログをtailできるようなコマンドなど、多数の機能が存在しています。

CI/CD

品質を犠牲にすることなくリリースの速度を上げるためにCI/CDというキーワードが当たり前のように語られ、その需要が増えてきています。

ビッグバンリリースでは、機能の提供まで時間がかかり、リリースまでの一連の準備に多大なコストがかかります。リリースで問題が発生すると変更内容から原因を特定して対策を行う必要がありますが、ビックバンリリースではこの問題特定と対策が非常に難しく、コストの掛かる作業になってしまうことが多いです。

このことから細かな単位でリリースすることで素早く市場に価値を提供し、問題があった場合の原因を局所的にして対策を容易にするという観点でCI/CDが語られ、導入されています。

ここでは、CI/CDという言葉の意味と、AWSでコードをデプロイするための簡単なサンプルや、リリースにおけるポイントを紹介します。

CIとは

Continuous Integration（継続的インテグレーション。以降、CI）はプログラムコードを中央リポジトリにマージし、自動的・定期的にビルドやテストを行う開発手法です。マージに合わせて自動的にコードをビルド、テストすることで、ビルドエラーの検知、テスト結果から意図通りの挙動となっているかを素早く確認することで品質の向上を図ります。

自分の作業の影響により他の人のモジュールに意図せず影響を与えたり、与えられたりしたことはないでしょうか。プロジェクトに関わる人が多くなるほど、そのような想定していない問題によるビルドエラー、実行時エラーの発生する可能性は増えていきます。問題の発覚が遅くなれば、後の対策に掛かるコストが大きくなることもあります。原因はプロジェクトの参画時期による習熟度の違いやモジュールの仕様変更の共有不足、認識誤りなど多岐にわたり、プロジェクトごとに何らかの対策を検討・実施していると思います。

CIを行うことで定期的にビルド・テストしマージしたコードの影響を素早く確認でき、マージしたコードの影響による影響範囲を特定しやすく早期のバグ対策としても非常に重要な役割を果たします。

CDとは

Continuous Delivery(継続的デリバリー。以降、CD)は、CIで準備したモアーティファクトをデプロイ可能な状態にすることです。

ソフトウェアのデプロイは繰り返し行われることが多いため、手動のデプロイで毎回品質を保証することは労力と費用を必要になります。サービスを素早く確実に提供するうえでリリースプロセスの自動化は重要な役割を果たします。

また、Continuous Deployment(継続的デプロイ)と継続的デリバリーの違いは、継続的デリバリーがデプロイ可能な状態を用意することに対し、継続的デプロイは実際のデプロイまで行うことです。

ステージ

CI/CDにおける一連のステージはパイプラインとして定義されます。ソースをビルドして、ユニットテストを実施し、テストされた後、本番環境にリリース可能な状態にします。

これらのステージの組み合わせは一例です。数種類のテストを実施したり、セキュリティ検証を実施したりプロジェクトのニーズに基づいてステージを適応させることができます。

パイプラインを利用する場合は開発者はコードを中央リポジトリにコミットし、変更をマージする必要があります。フィーチャーブランチを利用することでマージの間隔が短くなり結果、問題の発見が早くなります。

AWSにおけるCI/CD

AWSのマネージドサービスで構成する場合は、AWS CodeCommit、AWS CodePipeline、AWS CodeBuild、AWS CodeDeployを組み合わせて利用するのが一般的になります。これらのサービスを組み合わせた統合ツールとしてAWS CodeStarというサービスも存在しています。

AWS CodeStarやAWS CodePipelineはAWS Lambdaをステージに組み込むことができるため、複雑なリソースの操作であってもプログラム化して自動実行することが可能です。

代表的なAWSサービスの概要は次のようになります。

サービス名	概要
AWS CodeCommit	Gitベースのリポジトリのマネージドサービス
AWS CodePipeline	継続的デリバリーのためのワークフロー管理のマネージドサービス
AWS CodeBuild	ソースコードをコンパイル、テスト、デプロイ用のパッケージを作成できるマネージドサービス
AWS CodeDeploy	コンピューティングサービスへのソフトウェアのデプロイを自動化するマネージドサービス
AWS CloudFormation	コードベースのリソース構成管理のマネージドサービス
AWS CodeStar	専用のダッシュボードを備えた CI/CD の統合マネージドサービス

AWSではこれらのサービスを利用してCI/CDを実現します。

AWS CodePipelineを利用したCI/CD

AWS CodePipelineを利用してAWS CodeCommit→AWS CodeBuild→AWS SAM(CloudFormation)の流れでLambda関数をデプロイするサンプルについて説明します。

AWS CodePipelineでCloudFormationを利用する場合は、CloudFormationスタックの変更を作成してから変更スタックを実行する必要があります。

ここでは、先に紹介したAWS SAMを使ったサンプルアプリケーションをAWS CodePiplieを利用してデプロイする手順の説明を行います。

`sam init`でPython 3.8のプロジェクトを作成します。おさらいになりますが、AWS SAMのクイックスタートテンプレートで作成したPython 3.8プロジェクトのファイルは次の構成になっています。

```
$ tree -a
.
├── .gitignore
├── README.md
├── events
│   └── event.json
├── hello_world
│   ├── __init__.py
│   ├── app.py
│   └── requirements.txt
├── template.yaml
└── tests
    └── unit
        ├── __init__.py
        └── test_handler.py
```

ここに、パイプラインを構築するためのCloudFormationで利用する `pipeline.yml` とAWS CodeBuildで利用する `buildspec.yml` を追加します。

```
$ tree -a
.
├── .gitignore
├── README.md
├── buildspec.yml
├── events
│   └── event.json
├── hello_world
│   ├── __init__.py
│   ├── app.py
│   └── requirements.txt
├── pipeline.yml
├── template.yaml
└── tests
    └── unit
        ├── __init__.py
        └── test_handler.py
```

`buildspec.yml` はプロジェクトで利用する外部ライブラリを取得し、ローカルアーティファクトをAmazon S3にアップロードするための `aws cloudformation package` を実行する設定にしています。

SAMPLE CODE buildspec.yml

```
version: 0.2

phases:
  install:
    runtime-versions:
      python: 3.8

  pre_build:
    commands:
      - pip install -t hello_world/ -r hello_world/requirements.txt
  build:
    commands:
        - aws cloudformation package --s3-bucket $Bucket --template-file template.yaml
--output-template-file deploy.yml
artifacts:
  type: zip
  files:
    - "**/*"
  discard-paths: no
```

`pipeline.yml` はパイプラインで利用するリソースを用意します。

今回は、このテンプレートでリソースをまとめて作成していますが、CodeCommitリポジトリやS3バケットなどは別のテンプレートを利用するなどして分けて管理する方法もあります。

このテンプレートで作成するロールは寛容なアクセス権限になっています。

SAMPLE CODE pipeline.yml

```
AWSTemplateFormatVersion: 2010-09-09
Description: Sample pipline.

Parameters:

  Stage:
    Type: String
    Default: dev
    Description: Deploy stage

  AppName:
    Type: String
    Default: sample
    Description: Application name

  BranchName:
    Type: String
    Default: master
    Description: Use branch name
```

```
Resources:

  Bucket:
    Type: AWS::S3::Bucket
    Properties:
      BucketName: !Sub ${AppName}-${Stage}-${AWS::AccountId}

  CodeRepository:
    Type: AWS::CodeCommit::Repository
    Properties:
      RepositoryDescription: !Sub ${AppName}-${Stage}
      RepositoryName: !Sub ${AppName}-${Stage}

  BuildRole:
    Type: AWS::IAM::Role
    Properties:
      AssumeRolePolicyDocument:
        Version: 2012-10-17
        Statement:
          - Effect: Allow
            Principal:
              Service:
                - codebuild.amazonaws.com
            Action:
              - sts:AssumeRole
      Path: /
      RoleName: !Sub ${AppName}-${Stage}-build
      ManagedPolicyArns:
        - arn:aws:iam::aws:policy/AmazonS3FullAccess
        - arn:aws:iam::aws:policy/AWSCodeCommitReadOnly
        - arn:aws:iam::aws:policy/CloudWatchLogsFullAccess
        - arn:aws:iam::aws:policy/AWSCloudFormationFullAccess

  PipelineRole:
    Type: AWS::IAM::Role
    Properties:
      AssumeRolePolicyDocument:
        Version: 2012-10-17
        Statement:
          - Effect: Allow
            Principal:
              Service:
                - codepipeline.amazonaws.com
            Action:
              - sts:AssumeRole
      Path: /
```

```
    RoleName: !Sub ${AppName}-${Stage}-pipeline

PipelinePolicies:
  Type: AWS::IAM::Policy
  Properties:
    PolicyName: !Sub ${AppName}-${Stage}-pipeline
    PolicyDocument:
      Version: 2012-10-17
      Statement:
        - Action:
            - iam:PassRole
          Resource: "*"
          Effect: Allow
          Condition:
            StringEqualsIfExists:
              iam:PassedToService:
                - cloudformation.amazonaws.com
                - elasticbeanstalk.amazonaws.com
                - lambda.amazonaws.com
        - Action:
            - codecommit:*
            - codedeploy:*
            - cloudwatch:*
            - s3:*
            - sns:*
            - cloudformation:*
            - lambda:*
            - codebuild:*
          Resource: "*"
          Effect: Allow
    Roles:
      - !Ref PipelineRole

DeployRole:
  Type: AWS::IAM::Role
  Properties:
    AssumeRolePolicyDocument:
      Version: 2012-10-17
      Statement:
        - Effect: Allow
          Principal:
            Service:
              - cloudformation.amazonaws.com
          Action:
            - sts:AssumeRole
    Path: /
    RoleName: !Sub ${AppName}-${Stage}-cfn-deploy
```

```
      ManagedPolicyArns:
        - arn:aws:iam::aws:policy/AWSLambdaFullAccess
        - arn:aws:iam::aws:policy/AWSCloudFormationFullAccess
        - arn:aws:iam::aws:policy/IAMFullAccess
        - arn:aws:iam::aws:policy/AmazonAPIGatewayAdministrator

  CodeBuildProject:
    Type: AWS::CodeBuild::Project
    Properties:
      Name: !Sub ${AppName}-${Stage}
      ServiceRole: !Ref BuildRole
      Artifacts:
        Type: CODEPIPELINE
      Environment:
        Type: LINUX_CONTAINER
        ComputeType: BUILD_GENERAL1_MEDIUM
        Image: aws/codebuild/amazonlinux2-x86_64-standard:2.0
        PrivilegedMode: true
      Source:
        Type: CODEPIPELINE
      TimeoutInMinutes: 30

  Pipeline:
    Type: AWS::CodePipeline::Pipeline
    Properties:
      Name: !Sub ${AppName}-${Stage}-pipeline
      RoleArn: !GetAtt PipelineRole.Arn
      ArtifactStore:
          Type: S3
          Location: !Ref Bucket
      Stages:
        - Name: Source
          Actions:
            - Name: Source
              ActionTypeId:
                Category: Source
                Owner: AWS
                Version: 1
                Provider: CodeCommit
              OutputArtifacts:
                - Name: SourceArtifact
              Configuration:
                RepositoryName: !GetAtt CodeRepository.Name
                BranchName: !Ref BranchName
              RunOrder: 1
        - Name: Build
          Actions:
```

```
            - Name: Build
              ActionTypeId:
                Category: Build
                Owner: AWS
                Version: 1
                Provider: CodeBuild
              InputArtifacts:
                - Name: SourceArtifact
              OutputArtifacts:
                - Name: BuildArtifact
              Configuration:
                ProjectName: !Ref CodeBuildProject
                EnvironmentVariables: !Sub '[{"name":"Bucket","value":"${Bucket}","type":"PLAIN
TEXT"}]'
              RunOrder: 1
          - Name: Staging
            Actions:
            - Name: ChangeSetReplace
              ActionTypeId:
                Category: Deploy
                Owner: AWS
                Version: 1
                Provider: CloudFormation
              Configuration:
                ActionMode: CHANGE_SET_REPLACE
                StackName: !Sub ${AppName}-${Stage}-api
                ChangeSetName: !Sub ${AppName}-${Stage}-changeset
                TemplatePath: BuildArtifact::deploy.yml
                Capabilities: CAPABILITY_NAMED_IAM
                RoleArn: !GetAtt DeployRole.Arn
              InputArtifacts:
                - Name: SourceArtifact
                - Name: BuildArtifact
              RunOrder: 1
          - Name: Deploy
            Actions:
            - Name: ChangeSetExcecute
              ActionTypeId:
                Category: Deploy
                Owner: AWS
                Version: 1
                Provider: CloudFormation
              Configuration:
                ActionMode: CHANGE_SET_EXECUTE
                StackName: !Sub ${AppName}-${Stage}-api
                ChangeSetName: !Sub ${AppName}-${Stage}-changeset
              InputArtifacts:
```

```
            - Name: SourceArtifact
            - Name: BuildArtifact
          RunOrder: 1

Outputs:

  Bucket:
    Description: Bucket.
    Value: !Ref Bucket
    Export:
      Name: !Sub ${AppName}-${Stage}-bucket

  CodeRepository:
    Description: CodeRepository.
    Value: !GetAtt CodeRepository.Name
    Export:
      Name: !Sub ${AppName}-${Stage}-code-repository
```

次のコマンドを実行すると、CloudFormationのスタックを作成して必要なリソースを用意します。

```
$ aws cloudformation create-stack --stack-name sample-pipeline \
--template-body file://pipeline.yml --capabilities CAPABILITY_NAMED_IAM
```

スタックの作成が完了すればパイプラインの準備が整いました。

●パイプライン

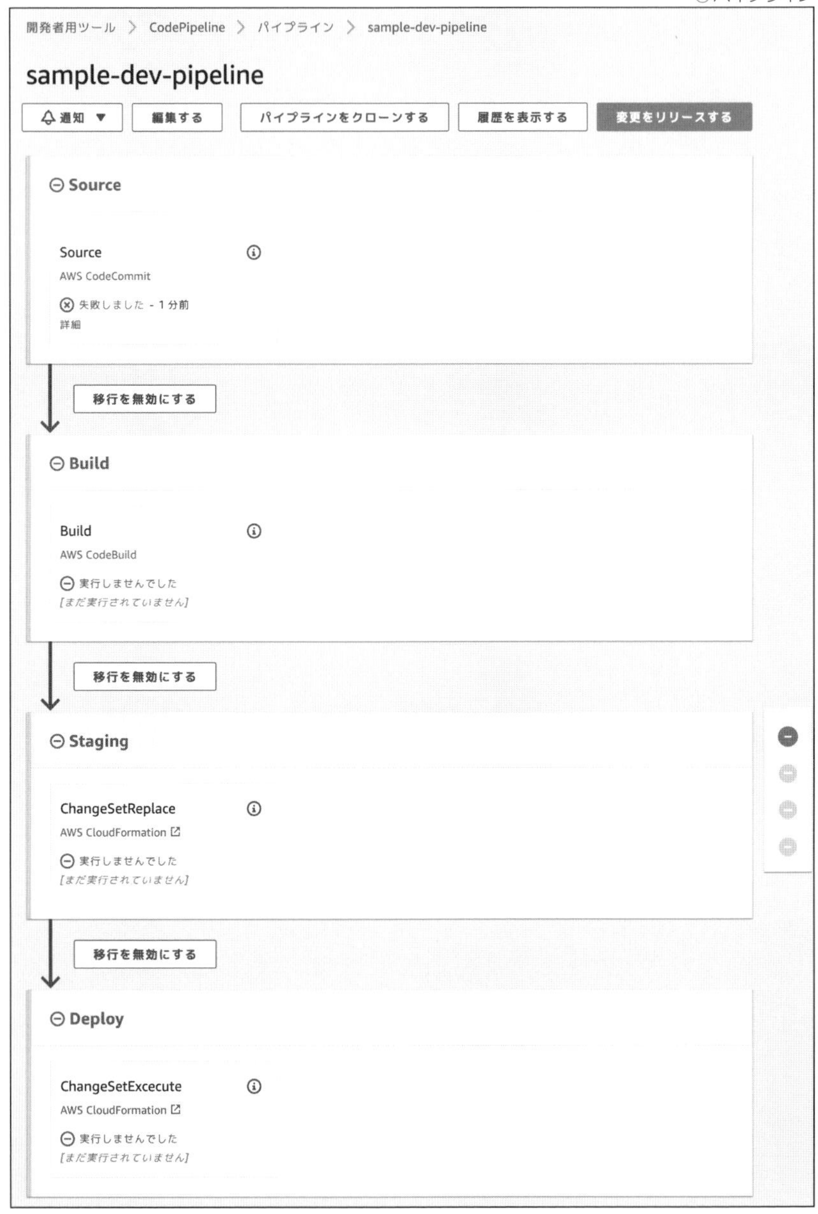

Sourceのアクションが失敗していますが、これはCloudFormationのスタックで作成したAWS CodeCommitのリポジトリにmasterブランチが存在しないためなので問題ありません。

この状態でAWS CodeCommitのmasterブランチにAWS SAMのプロジェクトをプッシュしてAPIをデプロイすることができます。

では、実際にデプロイしてみましょう。SAMプロジェクトのディレクトリをgitリポジトリにします。

```
$ cd /PATH/TO/WORKDIR/sam-app/
$ git init
$ git remote add origin ssh://git-codecommit.ap-northeast-1.amazonaws.com/v1/repos/sample-dev
$ git add .
$ git commit -m "Initial commit"
$ git push origin master
```

AWS CodeCommitのmasterブランチにプッシュすることで、AWS CodePipelineが動き出します（プッシュだけではなく、マージなどのブランチの変更をトリガーにして動き出します）。

●パイプライン開始

Source　　現在のリビジョンを表示する

Source
AWS CodeCommit
進行中 - 今

このパイプラインはCloudFormationの変更セットを作成して、実行する方法で構成変更などを適用しています。

●変更セットの作成

Staging　　現在のリビジョンを表示する

ChangeSetReplace
AWS CloudFormation
進行中 - 今
詳細

2d38add7 Source: first commit

変更セットの作成が完了すると変更セットを実行してデプロイを開始します。

●変更セットの実行

Deploy　　現在のリビジョンを表示する

ChangeSetExcecute
AWS CloudFormation
進行中 - 今
詳細

2d38add7 Source: first commit

すべてのアクションが成功すると、デプロイ完了になります。

◉パイプライン成功

sample-dev-pipeline

通知 ▼ 編集する パイプラインをクローンする 履歴を表示する 変更をリリースする

Source 現在のリビジョンを表示する

Source
AWS CodeCommit
成功しました - 2 分前
2d38add7

2d38add7 Source: first commit

移行を無効にする

Build 現在のリビジョンを表示する

Build
AWS CodeBuild
成功しました - 1 分前
詳細

2d38add7 Source: first commit

移行を無効にする

Staging 現在のリビジョンを表示する

ChangeSetReplace
AWS CloudFormation
成功しました - 1 分前
詳細

2d38add7 Source: first commit

移行を無効にする

Deploy 現在のリビジョンを表示する

ChangeSetExcecute
AWS CloudFormation
成功しました - 今
詳細

2d38add7 Source: first commit

Amazon API Gatewayを確認すると`sample-dev-api`というAPIが作成されています。

●API

API (1)　　Actions ▼　　APIを作成

APIの検索　　< 1 >

	名前 ▲	説明 ▽	ID ▽	プロトコル ▽	エンドポイントタイプ	作成日 ▽
○	sample-dev-api		sfl2xjafnd	REST	Edge	yyyy-MM-dd

新しいバージョンをデプロイしたい場合は、SAMプロジェクトに修正を行い、AWS CodeCommitのmasterブランチに変更をプッシュすればAWS CodePipelineが動き出し、変更がデプロイされます。

今回はmasterブランチの変更をトリガーにしていますが、他にもdevブランチであれば開発環境にデプロイするといったように特定のブランチに変更が発生したら対応する環境にデプロイするといった対応も可能です。

サンプルのパイプラインは最低限のアクションしかありませんが、テストのアクションを組み込んだり、管理者による承認のアクションを含めることもできます。

本書では詳しく触れはしませんが、AWS CodeStarを利用するとガイドベースで本節のようなパイプラインをガイド形式で作成することができるので興味があれば検証してみてください。

デプロイ手法

本節では、インプレースデプロイ、ローリング、およびブルー/グリーンデプロイ、イミュータブルデプロイという一般的なデプロイ方法について説明します。

インプレースデプロイ

インプレースデプロイは、稼働中のサーバーに対して新しいアーティファクトをリリースします。すべてのサーバーに対してコードを置き換えるのでダウンタイムが必要になります。

ローリングデプロイ

ローリングデプロイは、サーバー群は複数に分割され、分割された単位ごとに最新のモジュールを適用します。そのため、デプロイが完了するまでは新旧の両バージョンのモジュールが存在することになりますが、インプレースデプロイにあるダウンタイムをなくすことができます。

バージョンの混在を利用してカナリアリリースと呼ばれる最初に少量の割合で新しいモジュールをデプロイして動作確認を行った後、残りのサーバーに対して段階的に新しいモジュールをデプロイすることで問題発生時の切り戻し範囲を最小限に留めることができます。

ブルー/グリーンデプロイ

ブルー/グリーンデプロイは、イミュータブルな環境を2つ用意してそれを切り替えることでダウンタイムなく新しいモジュールをリリースできます。

現在稼働している環境をブルー、新しくリリースする環境をグリーンとして、モジュールリリース時はブルー環境には何も手を加えずにグリーン環境にモジュールを適用してテストを行います。

リリース時はロードバランサーの接続先を変更するなどしてブルーからグリーンに接続を切り替えます。問題が発生して切り戻しをしたい場合はロードバランサーの接続先をブルーに戻すことで対応します。

イミュータブルデプロイ

ブルー/グリーンデプロイに似ていますが、イミュータブルデプロイはリリース完了後に旧バージョンのモジュールの環境を削除します。現在稼働している環境をブルー、新しくリリースする環境をグリーンとして、モジュールリリース時はブルー環境には何も手を加えずにグリーン環境を**新たに**用意し、こちらにモジュールを適用してテストを行います。

リリース時はロードバランサーの接続先を変更するなどしてブルーからグリーンに接続を切り替えます。問題が発生して切り戻しをしたい場合はロードバランサーの接続先をブルーに戻すことで対応します。

リリースが終わるとブルー環境を破棄します。

トラフィックシフト

前節でデプロイ手法について説明しましたが、サーバーレス環境におけるデプロイは実際にどのようにすればよいのでしょうか。

たとえば、Amazon API GatewayとAWS Lambdaを用いたREST APIサービスを運用しているとします。サービスは順調に成長しており、新しい機能を追加する必要がでてきました。

どうすればサービスへの影響を最小限に抑えて新しい機能をデプロイできるのでしょうか。また、問題が発生した場合に確実に以前のバージョンにロールバックするにはどうすればよいのでしょうか。

AWS Lambdaにコードをデプロイした直後にすべてのトラフィックに最新バージョンを流すインプレースデプロイではなく、ブルー/グリーンデプロイやイミュータブルデプロイのようにトラフィックを**切り替える**ためにAWSではトラフィックをシフトする仕組が用意されています。

ここでは、AWS Lambda とAmazon API Gatewayのトラフィックシフトについて紹介します。

インプレースデプロイでも同一のモジュールをデプロイし直すことで以前のバージョンに戻す(ロールフォワード)ことはできますが、確実に同じバージョンであるということを保証するには運用を含めた適切な管理を行わなければなりません。そのため、確実に戻すということを行うためにもバージョン管理は必須になります。

AWS Lambdaのバージョンニングを利用したトラフィックシフト

AWS Lambdaはバージョン管理機能を有しており、特定のバージョンを指定する場合は修飾ARN(Qualified ARN)を利用します。

修飾ARNとは次のようにバージョンやエイリアスを指定したARNのことです。

```
arn:aws:lambda:aws-region:acct-id:function:helloworld:2
arn:aws:lambda:aws-region:acct-id:function:helloworld:prd
arn:aws:lambda:aws-region:acct-id:function:helloworld:$LATEST
```

これに対して非修飾ARN(Unqualified ARN)とはバージョンやエイリアスの指定を省略した指定のことです。

```
arn:aws:lambda:aws-region:acct-id:function:helloworld
```

`$LATEST` を指定したときと同じ扱いになり、次の2つは同じ意味になります。

```
arn:aws:lambda:aws-region:acct-id:function:helloworld
```

```
arn:aws:lambda:aws-region:acct-id:function:helloworld:$LATEST
```

◉AWS Lambdaのバージョンニング

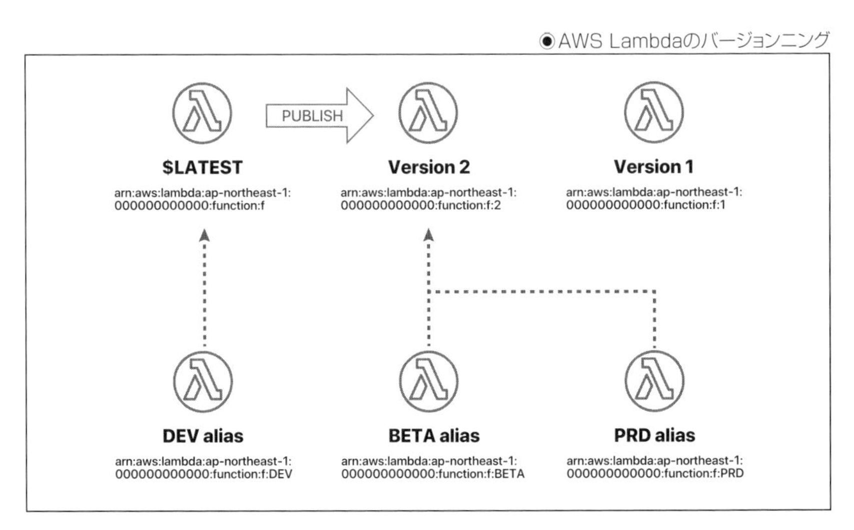

AWS Lambdaでカナリアリリースを行う場合はバージョン管理を行い、バージョン間のトラフィックシフトさせることで実現します。

カナリアリリース時のトラフィックの流れのイメージは次のようになります。

◉AWS Lambdaのトラフィックシフト

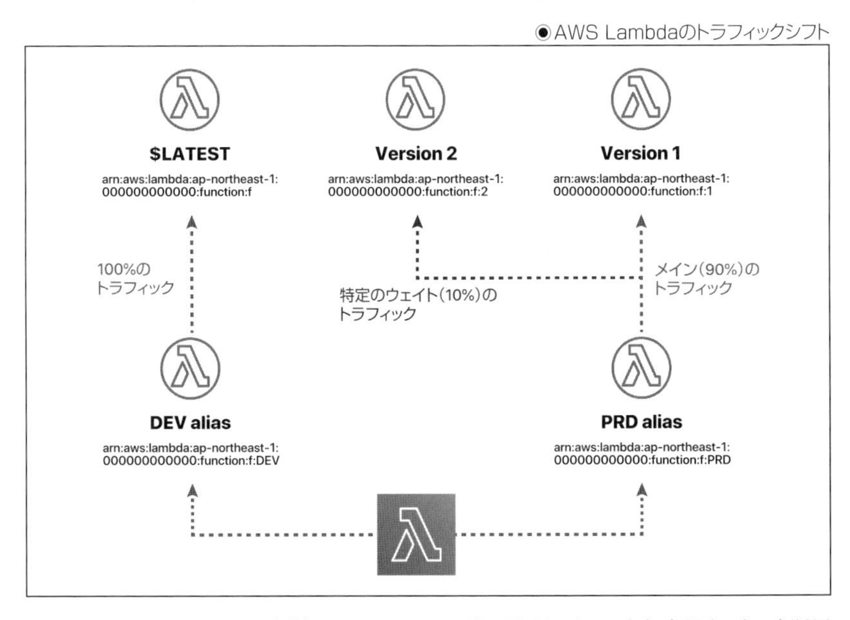

ここでは10%のトラフィックを新しいバージョンに送り、問題がないことを確認するという運用に基づいた構成にしています。

サービスの機能の特性によってはこの時点で問題が発覚する可能性があります。その場合は、もともとトラフィックを流していたバージョンへの割合を100%にすることで確実に戻す(ロールバック)ことができます。

Amazon API Gatewayのカナリアリリース機能を利用したトラフィックシフト

Amaozn API Gatewayはカナリアリリースを機能としてサポートしています。

●Amazon API Gatewayのカナリアリリース

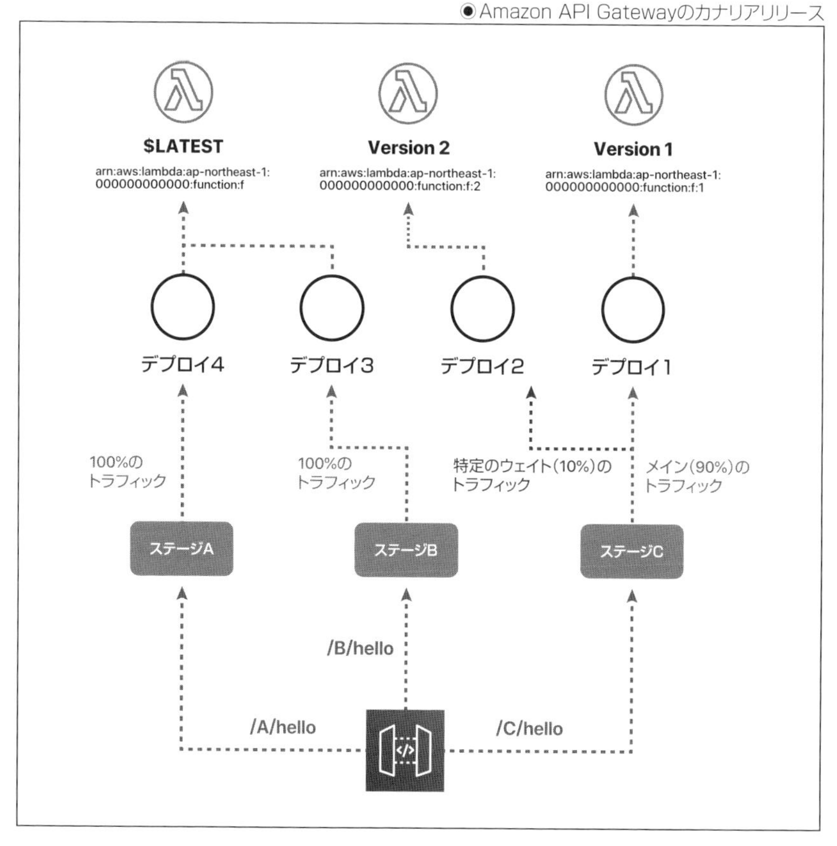

エイリアスを介して特定のバージョンを参照するパターンもありますが、図を簡素化させるためにAWS Lambdaをバージョン指定している前提で記載しています。

Amazon API GatewayでのカナリアリリースとAWS Lambdaのバージョンニングを使ったカナリアリリースの違いは、AWS LambdaのバージョンニングはAWS Lambdaの関数に対してのトラフィックのシフトであることに対して、Amazon API Gatewayを使ったカナリアリリースはAmazon API Gateway側の設定変更を含めたデプロイ単位でトラフィックをシフトできることです。

このため、変更範囲がLambda関数に限定される場合はどちらの方法であっても同じような振る舞いをさせることはできますが、Amazon API Gatewayのリソース設定などの変更を含めた場合は結果が異なってきます。

Amazon API GatewayのカナリアリリースではAWS Lambdaと連動してトラフィックをシフトさせないと期待した結果をえられないのでここでは注意すべきポイントに少し触れます。

Amazon API GatewayでカナリアリリースをAWS Lambdaを行うためには修飾ARNを使ってAWS Lambdaを指定してデプロイ単位で特定のAWS Lambdaのバージョンにトラフィックを固定する必要があります。

たとえば、AWS Lambdaを非修飾ARNで指定している場合はAmazon API Gatewayをステージ分けして運用していたとしても、各ステージが同じAWS Lambdaのバージョン($LATEST)にトラフィックを流すことになります。

そのため、ステージAで最新版のAWS Lambdaの動作確認をしたいのでデプロイしたらステージBの動作に影響を与えてしまうことになります。

このようなことにならないようにAWS Lambdaを修飾ARNで指定しておくことでトラフィックの流れを固定することができます。このとき、修飾ARNでエイリアスを利用するかバージョンを利用するのがよいかは構成次第となります。

Amazon API Gatewayのステージ変数を利用してAWS Lambdaのエイリアスを指定してトラフィックを流すかをコントロールすることもできます。

ステージ変数はステージごとの設定ですが、カナリア用のステージ変数で上書きすることができるので、ステージ変数の更新や追加の確認もできます。これらの機能を組み合わせてトラフィックをコントロールすることも可能ですが、複雑にしすぎると運用が煩雑になる可能性もあります。

このように多彩な方法を利用することができるのがAmazon API Gatewayのカナリアリリースを用いたトラフィックシフトの特徴になります。

昇格

一定期間、Amazon CloudWatchのメトリクスやログを確認し、問題がないことを確認してから本番に昇格させます。

このときに注意するべきなのは、一気に割合を増やすと小規模なトラフィックでは発生しなかった問題が顕著化することです。

リリースする機能にもよりますが、万全をきするのであれば(10%、25%、50%、100%のような段階分けで)徐々に割合を増やしていき、問題が発生していないか監視を行ってください。監視する際はいつ負荷のピークがくるのか、日中なのか深夜なのかその時間帯の負荷に充分耐えれているのかなどを確認する必要があるので、サービスの性質に合わせて充分な期間をとるようにしてください。

問題が発生した場合は即座にロールバックする必要があります。このとき、ロールバックに特殊な手段を用いなければならない場合(たとえば手作業によるコマンドの発行など)は二次災害が発生する可能があります。

ロールバック作業は緊急を要するときに行います。ここで複雑な作業を行うと焦りもあり、ミスを誘発してしまう可能性があるので設計時点でできる限り単純な手順でロールバックがでいるような構造を検討するようにしてください。

なお、本章で解説した内容については、下記のドキュメントも参考になります。

- Best Practices for Safe Deployments on AWS Lambda and Amazon API Gateway
  URL https://speakerdeck.com/danilop/best-practices-for-safe-deployments-on-aws-lambda-and-amazon-api-gateway
- AWSにおける継続的インテグレーションと継続的デリバリーの実践
  URL https://d1.awsstatic.com/International/ja_JP/Whitepapers/practicing-continuous-integration-continuous-delivery-on-AWS_JA_final.pdf

CHAPTER 04

サーバーレスの運用・監視

サーバーレスのコスト

AWS Lambdaは関数に対するリクエスト数と割り当てたメモリサイズ(と比例するCPU性能)に応じて100ミリ秒単位で課金されます。言い換えるとAWS Lambdaは実行しなければ費用が発生しないことになります。

EC2インスタンスは時間単位の課金でしたが、今は秒単位(最低60秒)の課金になっています。EC2インスタンスが秒単位の課金となったことでAWS Lambdaとのコスト差はなくなったのでしょうか。課金単位だけみれば1000ミリ秒(1秒)と100ミリ秒なので微々たる差に見えるかもしれませんが、そのようなことはありません。

Webアプリケーションを例に考えてみましょう。リクエストを受け付けるWebサーバーが必要になります。EC2でWebサーバーを用意した場合、利用者からのリクエストの有無にかかわらず、EC2インスタンスがリクエストを受け付けるために稼働しているので課金が発生します。

AWS Lambdaの場合は、Amazon API Gatewayを利用してリクエストを受け付けることになります(Amazon API GatewayはAPIコールの分だけ料金が発生します)。

Amazon API GatewayもAWS Lambdaも、リクエストが発生しない限り課金されません。日に数回程度の利用頻度であったとしてもEC2であれば24時間365日稼働させる必要がありますが、AWS Lambdaであれば日に数回の利用にかかった時間の料金が課金されるだけです。

AWS LambdaはEC2のようなにホストのメンテナンスや、OSやミドルウェアのセキュリティパッチの適用などを考える必要はありません。マネージドサービスを利用することでAWSに支払う利用料金とは別に発生する運用に掛かる人件費なども減らすことができます。

東京リージョンの利用料金でいろいろなケースの料金について検証してみましょう。

1日に1万リクエストを受ける場合のコスト試算

たとえば、1日に1万リクエストを受けるWebシステムを開発するとします。

1カ月(ここでは30日で計算)で受けるリクエストは30万リクエストになり、1回あたりのLambda関数の実行時間を200ミリ秒と想定、128MBのメモリをLambda関数に割り当てて実行した場合、1カ月の利用料金はAWSが提供する計算ツールを利用すると0.19USDです。

●AWS Lambdaの料金1

秒間10リクエストを受ける場合のコスト試算

今度はWebシステムが1日に受けるリクエスト数が86万4000リクエストの場合を想定します。秒間おおよそ10リクエストです。

30日で受けるリクエストは2592万リクエストになります。AWS Lambdaのメモリと実行時間が同じ条件であった場合は15.98USDとなります。

●AWS Lambdaの料金2

リージョンごとの同時実行数の制限値である1000リクエストを受ける場合のコスト試算

では、AWS Lambdaのリージョンごとの同時実行数の制限値である1000ではどうでしょうか。

30日で受けるリクエストは8640万リクエストになります。AWS Lambdaのメモリと実行時間が同じ条件であった場合は53.28USDとなります。

●AWS Lambdaの料金3

EC2インスタンスをt3.nanoでLinuxを1カ月稼働させるのに、オンデマンドでおおよそ5USDの利用料金がかかり、m5.largeでLinuxを1カ月稼働させるとオンデマンドでおおよそ91USDの利用料金がかかります。

EC2の場合は可用性を確保する場合、Application Load Balancerを用意してMAZ構成でオートスケーリングを組み合わせて運用する場合も多く、単純にコンピューティング時間のみでコストをは比較しきれませんが、EC2インスタンスでのWebシステムの運用に比べてAWS Lambdaを利用すればWebシステムのコンピューティング時間に掛かる利用料金を抑えることが可能になります。

では、すべてにおいてAWS Lambdaを使えばコンピューティングに掛かる費用を抑えることができるのでしょうか。決してそのようなことはありません。Lambda関数で実行するプログラムの実装に起因して実行時間が増加し結果コストが増えるケースや、要件によってはEC2インスタンスを利用する方がコンピューティング時間に掛かる利用料金が下がる場合があります。

Lambda関数の実行時間が1000ミリ秒になった場合のコスト試算

まずは、AWS Lambdaのコンピューティング時間が伸びた場合のケースを検証してみましょう。

プログラムコードの問題によりデータ量が増えた結果、計算時間がふえてしまい、1回辺りのLambda関数の実行時間が1000ミリ秒に伸びてしまったと仮定します。

この場合、Lambdaのメモリは同じ設定であったとしても197.28USDになります。

●AWS Lambdaの料金4

データを全走査するようなプログラムコードが最適化されておらず、データ量の増加に比例して処理時間が増える実装になってしまっていた場合は利用料金がどんどん膨れ上がります。こういったデータ量などに影響する処理時間の増加は対象データが少ないうちは気づかないことが多く、運用が始まってある程度、経ってから問題が発覚してきます。

EC2インスタンス上でこのようなプログラムを動かしていた場合は、CPU利用率などに影響が出ることがあっても監視の閾値内であれば問題ないものとして動き、利用料金にも変化はありません。

ですが、AWS Lambdaは100ミリ秒単位の実行時間の従量課金であるため、処理時間の増加 ＝ 利用料金の増加となります。

こういった処理時間の増加は常時稼働しているEC2インスタンス内で実行している場合は一定の処理時間内であれば誤差と捉えることも多かったと思いますが、AWS Lambdaでは利用料金という形で自分達に返ってきます。

AWS Lambdaは従量課金であるがゆえに、同じ処理でも作り手次第でコンピューティング時間に掛かる利用料金が変わってくるといえます。

5分ごとに処理に5分かかる、CPUとメモリを必要とするバッチ処理のコスト試算

次に極端な例になりますが、5分ごとに処理に5分かかる、CPUとメモリを必要とするバッチ処理を、AWS Lambdaで1カ月、運用する場合を検証してみましょう。

必要な性能を満たすためにメモリを1GBにして計算すると216.01USDになります。

◉AWS Lambdaの料金5

同条件で、現時点での最高性能である3GBを割り当てると648.01USDになります。

●AWS Lambdaの料金6

EC2インスタンスをm5.largeでLinuxを1カ月稼働させるのにオンデマンドでおおよそ91USDの利用料金であることを考えると、非常に大きなコスト差になります（ただし、実際には利用料金だけでなく運用や可用性などをトータルで判断する必要があるので利用料金が高くともAWS Lambdaの方が適切な場合も当然あります）。

AWS Lambdaで高い性能を割り当てて長時間利用する場合は利用料金を事前に計算しておかないと思わぬ請求に驚くことになるかもしれせん。

EC2インスタンスには、オンデマンド、スポットインスタンス、Savings Plans、リザーブドインスタンス、Dedicated Hostsという5つの支払い方法があります。

本書では詳しくは触れませんが、リザーブドインスタンスを利用することでEC2インスタンスの利用料金が最大で75%の割引を受けることが可能になります。

- Amazon EC2リザーブドインスタンス料金表
  URL https://aws.amazon.com/jp/ec2/pricing/reserved-instances/pricing/

AWS Lambdaには無料利用枠はありますが、このような先払いをすることで利用料金が下がるような支払い方法はありません。割引を受けることができる支払い方法を利用することで、利用用途によっては、EC2の方が安く高性能なコンピューティングリソースを利用できる場面もあり、AWS Lambdaを使えばコストが下がるというわけではありません。

サーバーレスだからコストが下がると安易に考えるのではなく、コンテナやEC2などときちんと比較を行い適切な手段を選ぶようにしてください。

そして、**コストだけではなく、運用上の優秀性、セキュリティ、信頼性、パフォーマンス効率などを比較してシステムの要件に合わせてトレードオフして構成をきちんと検討すること**が重要です。

利用料金を下げるために人による運用負担を高めてしまい、運用に掛かる人件費や作業ミスのリスクを増やしてしまったり、自動化にこだわりすぎて不要なコストを毎月払い続けることがないように、システムの要求を見定めバランスの取れたアーキテクチャを選定することがプロジェクト成功につながります。

SECTION-025

サーバーレスにおける監視

システムを健全な状態に保つためにリソースであれば、CPU、メモリ、ディスク、プロセス、ログではsyslogやアプリログなどを監視、セキュリティ監視ならモジュールのバージョンや、不正アクセス、ログの改ざん、ネットワークなら疎通確認など、さまざまな要素に問題が発生していないかを確認する必要があります。

これらの監視をサーバーにエージェントと呼ばれるサービスをインストールして監視用のサーバーに情報を送るプッシュ式、管理用のサーバーが情報を集めるプル式といった方法で情報を収集・分析して、閾値を超えた場合はアラートを発報し、通知を受けた運用者が対応するのが一般的でした。たとえば、メモリの利用量が80%を超えたら〜を実行するといった手順を皆さんも聞いたり実際に行ったりしたことがあると思います。

サーバーを意識しないサーバーレスではどのように監視して、対応するのがよいのでしょうか。ここでは、サーバーレスにおける監視では何を意識すべきかについて紹介します。

監視の目的とは

まず、監視の目的を改めて考えてみましょう。監視の目的はざっくり言ってしまえば「システムの異常を検知すること」です。これは、大きくまとめると「問題が起こっていることを検知する」ことや、「問題が起こりそうな予兆を検知する」ことに分類されます。

それぞれ対応が異なりますが、本質としては問題が起きたのであれば問題を解消する、問題が起きそうなら問題が起きないよう事前に対応するというのが基本的な考え方となります。

問題とは、「サービスが適切に提供できていない」「セキュリティ侵害を受けている」などのようなシステムがあるべき状態ではない事態を指します。

サーバーレスにおける監視とは

サーバーレスではシステムを構成する際にイベント駆動でリソースが疎結合につながります。監視の観点で考えた場合、疎結合であるがゆえに単独のリソースの監視ができたとしてもリソース間のつながりやリソースごとのイベントの駆動状況が直感的に把握しにくいという課題があります。

一例を挙げてみましょう。Amazon API Gatewayを経由してユーザーのリクエストをLambda関数Aが処理してAmazon S3にオブジェクトを保存し、S3バケットのオブジェクト作成イベントでLambda関数Bを実行し、処理結果が別のS3バケットに保存される処理があるとします。

◉システム構成

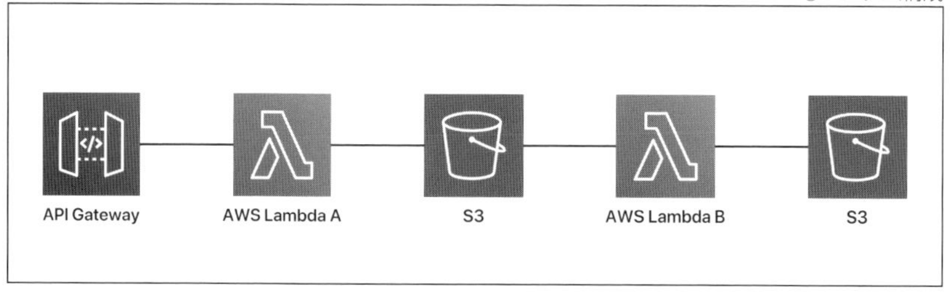

Lambda関数Bが意図通りに動いていないことが利用者からの報告で判明しました。では、どこで問題が発生して意図通りのに動かなったのでしょうか。パッと考えつくだけでも、次のようなさまざまな原因が思い浮かびます。

- Lambda関数でエラーが発生し処理が中断した?
- Lambda関数Aがオブジェクトを保存できなかった?
- オブジェクトの作成イベントが発生せず、Lambda関数Bが実行されなかった?
- AWS Lambdaの同時実行数の制限でLambda関数AまたはBが実行されなかった?

しかし、原因を特定するには、メトリクスやログから状況を切り分けて解析しなければいけません。

この例ではLambda関数A、Bが実行されており、正常終了しているか確認し、S3バケットにオブジェクトが保存されているか確認して問題を切り分けることになります。

Amazon S3にオブジェクトが作成されているが、Lambda関数Bが実行されていなければイベントが発生しなかった可能性があります。

上記の例は限られたリソースしか利用していないので特定は難しくないかもしれませんが、実際のサービスになるともっと数多くのリソースが複雑に関わり合いながら動いています。

AWS Lambdaであればイベント型によってリトライの概念が変わってくるのでサービスごとの特徴を押さえてリソース間の関係を追跡し状況を把握することも重要です。

AWSではAWS X-Rayという分散アプリケーションの可視化と診断を行うサービスがあります。AWS X-Rayを使うことでリソース間の呼び出し関係やライムライン、処理時間を確認することができます。

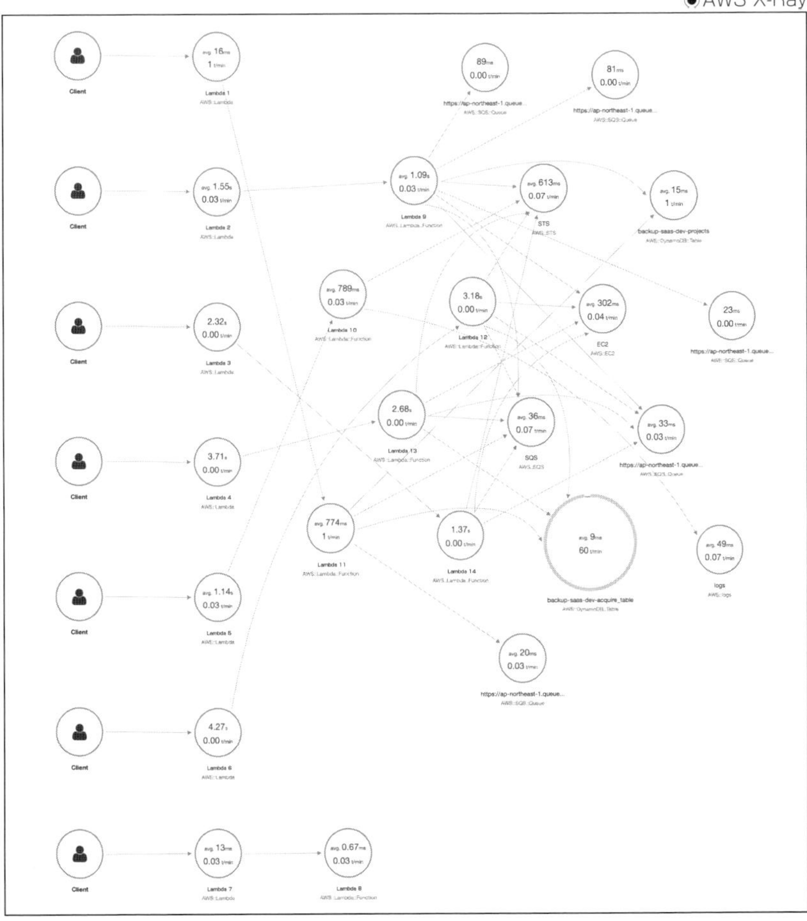

AWS X-Rayを使うことで時間がかかっている処理や呼び出しのつながりが把握しやすくなり、トレースで通信内容を確認することができるので分析にかかる時間を大幅に低減させることができます。

ホストの監視とサーバーレスの監視の違い

特定のユーザーが利用している場合は、事前に合意済みであれば問題が起こってから対応するという場合もありますが、不特定多数のユーザーに提供するようなサービスであれば、計画的なメンテナンスなどを除き、通常は障害を発生させないために異常な状態の予兆を検知して未然に防ぐ運用が一般的でしょう。

問題を未然に防ごうとした場合は高可用性が求められるミッションクリティカルなシステムになり、あらかじめシステムを冗長化しておき、負荷分散やサーバーの障害対応時にシステムがダウンしないように構成して、CPUやメモリなどのリソースの利用率に閾値を定めてその値を超えたら対応するという方法で運用を行うことになります。冗長化すると構成機器が増えるため、最低限の構成のシステムに比べてあらゆる面で費用がかかります。

高可用性を確保したシステムは耐障害性において優れていますが、システムの要件によってはオーバースペックになってしまう可能性があります。

これらのアクションはすべて**システムが正しく動いている**状態を保つために行われています。もちろん、システムの要件によってはちょっとしたシステムの停止があっても許容されるものもありますが、ビジネスチャンスを逃さないようにシステムを止めないことはもはや当たり前になっています。

このため、システムを止めたくない場合はサーバーを複数台で構成して問題が発生したとしても他のサーバーでサービスを提供し続けて、障害のあるサーバーを復旧させるために冗長構成をとっています。

これをサーバーレスに当てはめて考えてみましょう。コードを動かすAWS Lambdaはリージョンごとに複数のアベイラビリティゾーンでコンピューティング性能を維持し、ホストやデータセンター設備の故障に対応しています。

実行される関数は信頼性が高く、メンテナンスの時間帯や定期的なダウンタイムはありません。AWS Lambdaは必要なときだけコードを実行して実行状況に合わせて自動的に上限までスケールするので、実行の頻度が上昇しても一貫して高いパフォーマンスを維持できます。ステートレスな構造なので、AWS Lambdaは時間のかかるデプロイや設定によって遅れが出ることなく必要な数だけインスタンスを実行できるので、イベントの発生からミリ秒単位でコードを実行します。

このようにAWS Lambdaを使うことでAWSが管理運用する可用性の高い、耐障害性を備えたインフラストラクチャでコードを実行することができます。

サーバーレスではインフラストラクチャの問題の監視はAWSにまかせて機能が適切に動いていることの監視に注力できます。

どのように監視すべきなのか?

では、サーバーレスではどのようにしてシステムが正しく動いている状態を保っていることを確認すればよいのでしょうか。サーバーレスでは先に書いたように、これまでのようにサーバーを意識する必要がなくなり、運用面ではサーバー機器の管理やOSの保守などといった煩わしい作業から開放されます。

そして、これまでに挙げたようなCPUの使用率による監視やメモリ利用量による監視というサーバーの稼働状態による監視はサーバーの状態を管理するという考え方なので、サーバーレスでは必ずしも当てはまるわけではありません。

AWS Lambdaの監視について考えてみましょう。たとえば、クリティカルな運用をするため、AWS Lambdaでエラーを発生させないように予兆管理をしたいとします。

ある関数のメモリの使用量が一定期間80%を超えているようであればメモリの割当量を増やすという運用を行いたいので監視をすると考えた場合、現段階ではAmazon CloudWatchのメトリクスでAWS Lambdaのメモリ利用量を取得することができないのでCloudWatch Logsに出力されるLambdaの実行レポートから情報を取得する必要があります。

このようにサーバーを使っていたときは簡単にできたことがサーバーレスになったことで複雑になる場合もあります。

仮にメモリを監視できたとして80%を超えた場合に単純に割当を増やせばよいかといえばそうとも限りません。これは、緩やかに増加しているなどの傾向がある場合には有効な対策かもしれませんが、Lambda実行時にデータを処理するデータ数が変わってくるような場合には不向きな監視になります。

後者の場合は、実行時の条件に処理するデータ数を上限10件として処理するなど、上限を定めた上でメモリの使用量の傾向を確認しなければなりません。

このあたりはコードの設計と密接に影響してきます。そのため、最初に**どのように運用するか**を検討し、その場合にどのように監視しないといけないのかを考えた上でシステム構成を決めることが長く続くシステムの運用の負担を減らすことにつながります。

また、AWS Lambdaでは割り当てたメモリ量に比例してCPUパワー、コストも上がるので結果、利用料金に跳ね返ります。

従量課金であるため当然のことですが、前節でも書いた通り、場合によってはEC2を利用した方が利用料金という点においては安くなることもあり、コストメリットを求めてサーバーレス化した場合はこのような運用方法ではメリットを享受しにくくなる場合もあります。

サーバーレスにおいては障害が発生しているかどうかは「サービスが適切に提供できているか」で確認し、予兆の管理はリソースの状態で確認します。

たとえば、Amazon API Gatewayであれば応答時間やエラーレート、AWS Lambdaであれば実行時間や同時実行数、Amazon DynamoDBであればRead/Writeのキャパシティなど、制限や性能に直結する要素に閾値を設けて監視します。

このとき、上限緩和が必要な要素を監視する場合はAWSに申請して対応してもらう時間を考慮して閾値を検討しておかないと問題が発生したときに上限を緩和できなければ解決しない手詰まりな状況になってしまう場合もあります。

事前にどれくらいのリクエストがくるのか、同時にどれくらいの処理を行うのかなどをきちんと検討して、マネージドサービスごとの制限と照らし合わせて閾値を決めるのが重要になります。

▶ AWS Lambdaのエラー監視の注意点

Lambda関数の実行時エラーを監視する場合はイベント型による再試行の違いを把握しなければなりません。AWS Lambdaの紹介にも記載していますが、同期呼び出し型、非同期呼び出し型、ストリーム型とそれぞれにどこでリトライするのが適切か異なってきます。

非同期呼び出し型の場合にリトライオーバーした場合はデットレターキューにイベントデータを格納することで後から処理できなかったイベントを確認することも可能です。

ストリーム型の場合、問題となったデータを取り除かない限り、対象のデータがタイムアウトするまで処理の失敗が続きます。失敗したデータを取り除きつつ、後続の処理を実行するための実装をあらかじめ用意するなどの設計が必要になります。

ワークフロー処理であれば、AWS Step Functionsを使用してLambda関数の実行時エラーをハンドリングして処理をすることができますが、用途が限られてしまいます。

最近では、Lambda Destinationsを使って失敗した場合の処理をLambda関数に定義することができるようになったので、非同期型の失敗時のハンドリングも容易になりました。

Ⅲ 意識すべき点は?

サーバーレスではマネージドサービスの提供する機能を前提として運用方法を考えなければなりません。エラー時の再試行の考え方や、エラーハンドリング後の復帰方法などはサービスに機能が追加されるたびにガラリと変わってきます。

AWS Lambdaにデッドレターキューが実装されるまでは再試行+Amazon CloudWatchのメトリクスで把握が一般的でした。このメトリクスから復帰処理をルーティングするのは難しくはありませんが、AWS Lambdaの手軽さを考えると少し面倒でした。

デットレターキューが実装され、幾分、緩和されましたが、Amazon SQS→AWS Lambdaのイベント駆動が実装されるまではAWS Lambdaがポーリングして監視する必要があり、コストと復帰処理までのタイミングのトレードオフが必要でした(こちらも仕掛けを用意することで復帰処理を擬似的に再現できなくはないですが、別の問題を生むかもしれないので割愛します)。

このあたりをきちんと実現したい場合は、AWS Step Functionsを利用してフローで実現するのが確実な方法でしたが、Lambda Destinationsがリリースされて単純な成功、失敗の分岐であれば簡単に実装できるようになりました。

Lambda Destinationsは非同期型のイベントしか対応していませんが、このように新しい機能がリリースされることでこれまでの考え方がガラリと変わります。

サービスの成長が早いので大変かもしれませんが、前回と同じようにと考えるのではなく、新しい機能をきちんと体験し理解することがシステムの要件にそった監視を行うことができるシステム構成を作る上で重要になります。

CHAPTER 

サーバーレス開発におけるセキュリティ

サーバーレス開発における セキュリティの考え方

マネージドサービスを利用するサーバーレス構成ではホストを意識する必要がありません。ホストを意識する必要がないので利用者はエンドポイントのセキュリティを意識する必要がなくなりました。

ですが、セキュリティを一切気にしなくてもよいというわけではありません。サーバーレスアプリケーションにおけるセキュリティで意識すべき点について触れます。

APIのセキュリティ

先にも述べましたがマネージドサービス全般は利用者がホストを意識する必要がありません。ホストのメンテナンスによる影響を受けることはありますが、セキュリティに関わる干渉を利用者が行うことはありません。

クラウドベンダーがハードをメンテナンスし、OSやミドルウェアのパッチ適用や脆弱性への対応を行っているので利用者は常にセキュリティの保たれた環境でサービスを利用したり、コードを実行することができます。

AWS Lambdaにおける責任範囲を考えてみましょう。利用者の管理範囲は「アプリケーションコード」になります。これは、言い換えればアプリケーションコードに関するセキュリティを利用者が管理しなければいけないことをAWSが強調しているともいえます。アプリケーションコードのセキュリティを確保するセキュアコーディングは当たり前だと思う方も多数いらっしゃると思います。実際に筆者もそう考えていますが、すべてのアプリケーションコードがセキュアコーディングされているかといえばそうでありません。

一例を挙げてみましょう。

◉構成

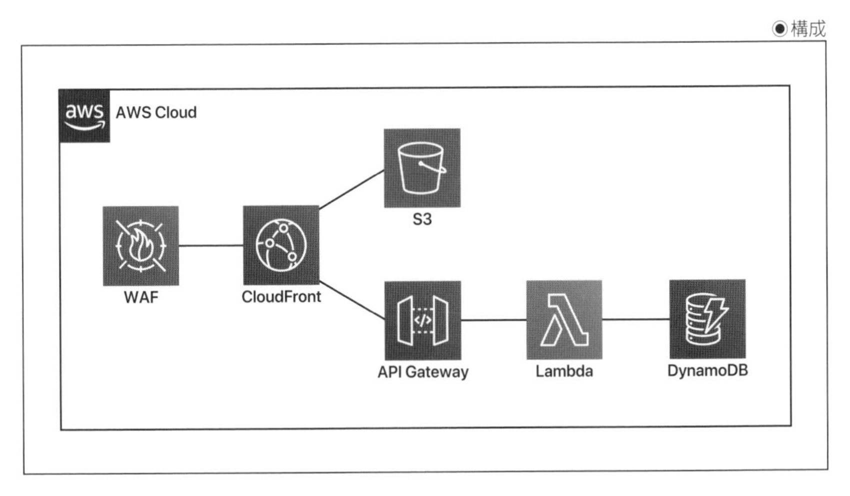

Amazon S3とAmazon API Gatewayで作ったシングルページアプリケーションをAmazon CloudFrontで配信するアプリケーションです。Amazon API Gatewayは昔はステージにWeb ACLを関連付けることができなかったのでAmazon CloudFrontを前段に置いてWAFを適用する運用を行っており、今でもその方法を利用しているとします。

Amazon S3とAPIをAmazon CloudFrontのS3にオリジンに登録してFQDNをあわせてAPIのCORSを無効にしてサイト間の通信をブロックし、Amazon CloudFrontにWAFを設定して一般的な攻撃リクエストを防ぐように設定しました。

これで一般的な攻撃はWAFが防ぐのでAPIのアプリケーションコードには攻撃を含むデータが来ないからセキュリティが保たれた状態といえるのでしょうか。

設定によっては次のような問題が発生する可能性があります。

- APIにAmazon CloudFrontを介さず直接アクセス可能な状況になる場合がある
- WAFのルールの最新化が間に合わずにアプリケーションコードに攻撃が到達する可能性がある

それぞれで想定される問題について考えてみましょう。

▶APIにAmazon CloudFrontを介さず直接アクセス可能な状況になる場合がある

提供しているアプリケーションはAmazon CloudFront経由でアクセスするかもしれませんが、悪意のある攻撃者はAmazon API GatewayのデフォルトのベースURLに直接、アクセスしてくるかもしれません。不特定多数のユーザーが利用するなどの理由でAPIに認証機能がまったくない状況だとAPIは無防備な状態で晒されてしまいます。想定した経路を通るリクエストに対してはセキュリティが保たれているかもしれませんが、想定と違う経路からのアクセスに対して無防備になり非常に脆弱です。

たとえば、Amazon API GatewayにAPIキーと使用量プランを関連付けてAmazon CloudFrontからAmazon API Gatewayにオリジンへのヘッダ追加機能でX-API-Keyを含めて直接のアクセスを防ぐなどの対応が必要になります。

これらの設定はプログラムコードを必要としないマネージドサービスごとの設定の組み合わせだけで実現できるものです。

このようにちょっとした設定が漏れただけで脆弱な部分を生み出してしまいます。

◉対策例

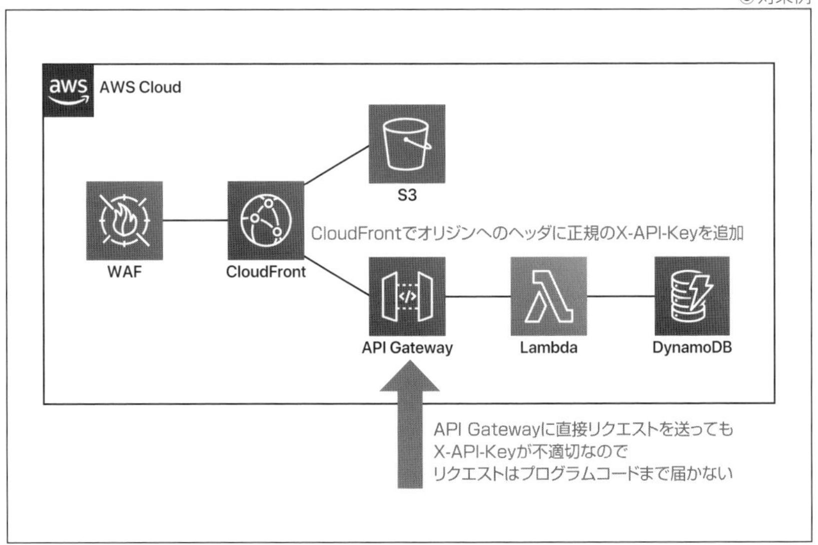

上図ではAmazon API GatewayのAPIキーを利用していますが、独自ルールのWeb ACLをAmazon API Gatewayに関連付けて使ってリクエストを検証することも可能です。

▶ WAFのルールの最新化が間に合わずにアプリケーションコードに攻撃が到達する可能性がある

防御する側は問題が発生してから対策を行うことになるのでWAFのルールがアップデートされるまで特定の攻撃に対して無防備な時間が発生します。

このようなケースを想定して事前にアプリケーションコードにあらゆる想定の対策を入れることは不可能ですが、プロジェクト内で最低限の基準を設けてきちんと対策しアプリケーションコードをレビューしてセキュリティを確保する必要があります。

この他にも開発段階で動作確認のためにAmazon API Gatewayをデプロイすることがあると思いますが、Amazon API Gatewayはプライベートなエンドポイント以外はデプロイするとすぐにAPIが公開されます。

そしてAmazon API Gatewayはデフォルトでは認証機能が有効になっておらず、自分で有効にするための設定を行う必要があります。動作確認のためと、とりあえずデプロイするという行為はAPIを無防備に全世界に公開してしまうことになります。

セキュアな情報を取り扱っていないAPIだから大丈夫と考えるのではなく、普段から不正なアクセスに晒される可能性があることを十分に理解した上でアクセス制限や認証を含めた上でデプロイする習慣を身に付けておかないと、セキュアな情報を取り扱っているときに誤って公開してしまうことになるかもしれません。

このように設定は適切に見えるような状況でもマネージドサービスを利用する場合は、設定の抜けや漏れをきちんとチェックする仕組みを用意しなければ想定外のアクセスにより情報を奪われてしまうリスクがシステムに内包される可能性があることを理解する必要があります。

サーバーレス構成ではマネージドサービスを利用することで素早くシステムをリリースすることができますが、その代わりに些細な設定ミスが大きな問題につながる可能性があることを忘れてはいけません。

秘密情報の保護

アプリケーションコードからDBや外部のサービスにアクセスする場合、認証状況などの秘密情報はSecrets ManagerかParameter Storeに保存します。

Secrets Managerはバージョン管理やデータベースの認証情報を自動的に更新できるなど、非常に高性能ではありますが、シークレットごとに利用料金やKMSのAPI利用料金が必要になります。

Parameter Storeはバージョン管理ができますが、データベースの認証情報を自動更新するような機能はありません。ストアは無料でKMSのAPI利用料金だけが必要になります。

Parameter Storeは以前はRate limitが低く、アクセスが集中するとスロットリングが発生していましたが、今は1秒間に最大1000件のリクエストまでサポートされました。

それぞれ一長一短がありますが、重要なことは、これらのサービスを利用することで秘密情報とアプリケーションコードを分離できるということです。

アカウントのセキュリティ

APIやアプリケーションコードで利用する秘密情報のセキュリティについて述べました。では、AWSアカウントそのもののセキュリティはどのように確保すればよいのでしょうか。

まずはアカウントにアクセスできるユーザーに関するセキュリティについて考えましょう。

AWSアカウント開設時に次のように設定を行うことが多いでしょう。

- ルートアカウントにMFAを設定
- パスワードポリシーの強化
- 必要最小限の権限を設定したIAMグループ、IAMユーザーの作成
- IAMユーザーにMFAを設定

CLIやSDKを利用する場合のアクセスキーはルートアカウントで発行せずに必要な権限を持ったIAMユーザーで発行し、定期的に更新するなどの運用が必要になります。

次はAWSアカウント全体のセキュリティを考えてみましょう。ここでは単独で利用できるAWSのサービスについて簡単な説明と組み合わせについて説明します。

▶ AWS Trusted Advisor

AWS Trusted Advisorは、AWS環境を最適化してコスト削減、パフォーマンスの向上、セキュリティの向上を図るためのサービスです。ベストプラクティスに従ってリソースをプロビジョニングするのに役立つ、リアルタイムガイダンスを提供しています。

▶ Amazon GuardDuty

Amazon GuardDutyは、AWSアカウントとワークロードを保護するために悪意のある操作や不正な動作を継続的にモニタリングする脅威検出サービスです。アカウント侵害の可能性を示す異常なAPIコールや不正なデプロイなどのアクティビティをモニタリングし、インスタンスへの侵入の可能性や攻撃者による偵察も検出します。

▶ AWS CloudTrail

AWS CloudTrailは、AWSアカウントのガバナンス、コンプライアンス、運用監査、リスク監査を行うためのサービスです。アカウントアクティビティをログに記録、セキュリティ分析、リソース変更の追跡、トラブルシューティングを実行できるようになります。

▶ Amazon CloudWatch

Amazon CloudWatchを利用すると、データと実用的なインサイトを利用して、アプリケーションのモニタリング、システム全体のパフォーマンスの変化やリソースの利用状況、運用状態の統合的な確認を行うことができます。

▶ AWS Config

AWS Configは、AWSリソースの設定を評価、監査、審査できリソースの設定が継続的にモニタリングおよび記録され、望まれる設定に対する記録された設定の評価を自動的に実行できます。

これらのサービスを組み合わせることでポートの解放状況、驚異の検出、APIの利用状況、ログ保管、メトリクス管理、AWSリソースの設定の変更履歴などの多数の項目を管理することができます。

一例を挙げるとAWS CloudTrailでAPIの操作に関するログを記録してAWS Trusted Advisorで継続的なポートやリソースへのアクセス設定を検証し、Amazon GuardDutyで脅威と異常状態を検出、AWS Configによってリソースへ変更を記録、通知するといった運用が可能になります。

この他にもサードパーティ製の製品でスタンダードフレームワークに即した運用がなされているかをチェックできる製品もあります。

AWSを使っているからセキュリティが堅牢というわけではありません。利用者が設定を誤れば簡単に世界中に情報を公開してしまい取り返しがつかないことになります。

セキュリティにかかる費用をコストと捉えるのではなく投資と考え、要件にあったセキュリティ対策をしっかりと行いましょう!

Lambda@Edgeの利用

Amazon CloudFrontとAmazon S3を組み合わて簡単な設定で可用性の高いウェブサイトを利用することができますが、Apacheなどで簡単にできるインデックスドキュメントやセキュリティヘッダーの設定ができません。

セキュリティヘッダーを設定することで、クロスサイトスクリプティングやクリックジャッキングなどのクライアント側の脆弱性の利用を困難にすることができます。

ここでは、ヘッダーの追加方法とインデックスドキュメントの設定をLambda@Edgeを利用して実現する方法を説明します。

Amazon CloudFrontとAmazon S3で静的ウェブサイトを作成する

htmlファイルを配置するS3バケットを作成し、下記の内容のhtmlファイルをS3のルートに保存します。

SAMPLE CODE index.html

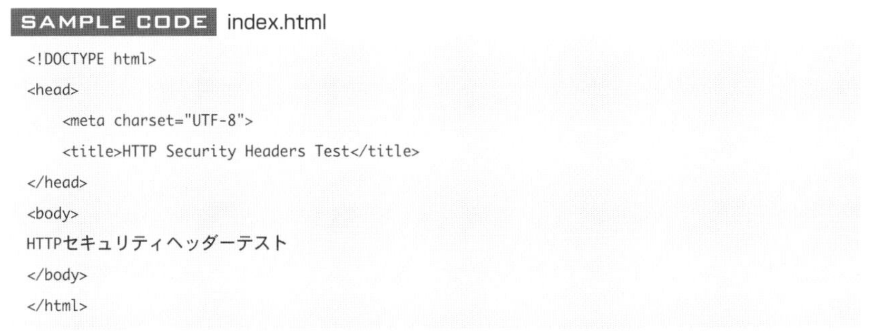

```
<!DOCTYPE html>
<head>
    <meta charset="UTF-8">
    <title>HTTP Security Headers Test</title>
</head>
<body>
HTTPセキュリティヘッダーテスト
</body>
</html>
```

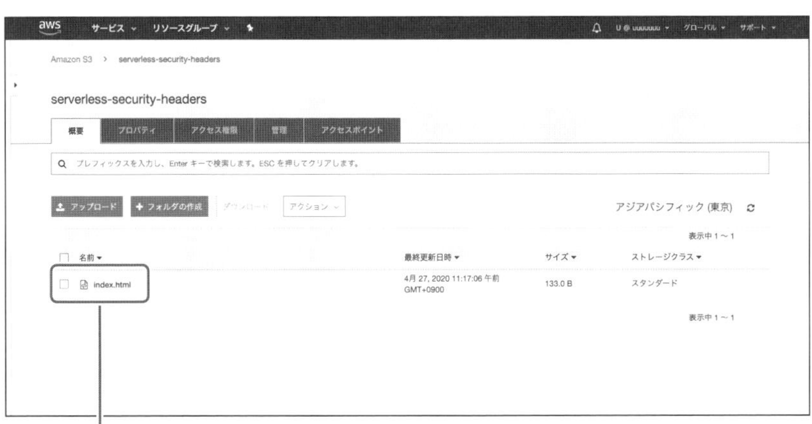

index.htmlをS3のルートに保存する

CloudFrontディストリビューションを作成します。WebとRTMPの2つの選択肢がありますが、Webを選択し、次のように設定してください。

項目	設定
Origin Domain Name	作成したバケットを選択する
Restrict Bucket Access	[Yes]を選択する
Origin Access Identity	[Create a New Identity]を選択する
Grant Read Permissions on Bucket	[Yes, Update Bucket Policy]を選択する
Viewer Protocol Policy	[Redirect HTTP to HTTPS]を選択する

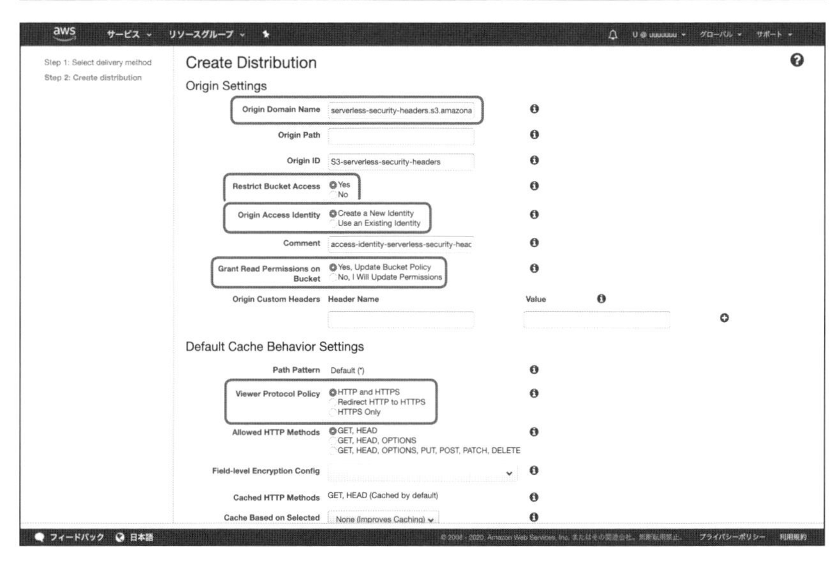

[Create Distribution]ボタンをクリックし、ディストリビューションを作成します。[Status]が「in Progress」から「Deployed」に切り替わったら、[Domain Name]の値をコピーします。コピーした値をもとにブラウザのアドレスバーに`https://[Domain Nameの値]/index.html`と入力します。

URLの末尾を/(スラッシュ)でアクセスできるようにする

Amazon CloudFrontとAmazon S3を使った静的ウェブサイトの弱点は、インデックスドキュメントを返さない点です。

たとえば、Apacheは `https://example.com/` であれば `https://example.com/index.html` を返し、`https://example.com/foo/` であれば `https://example.com/foo/index.html` を返すことができます。

Lambda@Edgeを利用して末尾が `/`（スラッシュ）のときに `index.html` を補完する設定を行います。なお、Lambda@Edgeには制限があり、執筆時は次の環境でないと動作しません。

- バージニア北部リージョン
- Node.js 12xまたはPython 3.8

ロールはポリシーテンプレートから基本的なLambda@Edgeのアクセス権限（CloudFrontトリガーの場合）を選択し、今回は `serverlessLambdaEdgeRole` という名前でロールを作成します。また、ロールに次の権限を設定します。

```
{
    "Version": "2012-10-17",
    "Statement": [
        {
            "Effect": "Allow",
            "Action": [
                "logs:CreateLogGroup",
                "logs:CreateLogStream",
                "logs:PutLogEvents"
            ],
            "Resource": [
                "arn:aws:logs:*:*:*"
            ]
        }
    ]
}
```

Lambda関数の内容は次の通りです。今回は `serverlessRewriteUrl` という名前で保存します。

```
'use strict';
exports.handler = (event, context, callback) => {

    // Extract the request from the CloudFront event that is sent to Lambda@Edge
    var request = event.Records[0].cf.request;

    // Extract the URI from the request
    var olduri = request.uri;
```

```
    // Match any '/' that occurs at the end of a URI. Replace it with a default index
    var newuri = olduri.replace(/\/$/, '\/index.html');

    // Log the URI as received by CloudFront and the new URI to be used to fetch from origin
    console.log("Old URI: " + olduri);
    console.log("New URI: " + newuri);

    // Replace the received URI with the URI that includes the index page
    request.uri = newuri;

    // Return to CloudFront
    return callback(null, request);

};
```


[保存]ボタンをクリックし、[アクション]→[Lambda@Edgeへのデプロイ]を選択します。

[ディストリビューション]は今回作成したディストリビューションを設定します。[CloudFront イベント]は[オリジンリクエスト]を選択します。

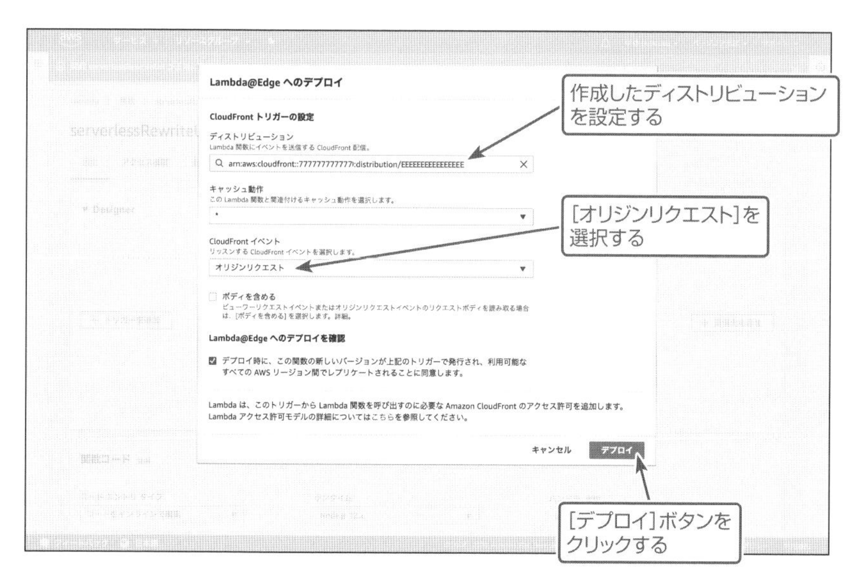

［デプロイ］ボタンをクリックし、Amazon CloudFrontの［Status］が「in Progress」から「Deployed」に切り替わったら、［Domain Name］の値をコピーします。コピーした値をもとにブラウザのアドレスバーに `https://[Domain Nameの値]` と入力します。

ブラウザにヘッダーテストと表示されたならば、Lambda@Edgeの設定は成功です。

HTTPセキュリティヘッダーの確認

Mozilla Observatoryというウェブサイトでセキュリティヘッダーが実装されているか確認します。

- Mozilla Observatory

  URL https://observatory.mozilla.org/

上記のURLにアクセスし、Amazon CloudFrontのドメイン名を入力して評価します。

はじめはFランクの評価です。

HTTPセキュリティヘッダーの追加

実際にセキュリティヘッダーを追加してみましょう。 serverlessRewriteUrl と同様にバージニア北部リージョン、Node.js 12xでLambda関数を作成します。今回は serverlessSecurityHeaders という名前で保存します。ロールは serverlessLambdaEdgeRole を設定します。

```
'use strict';
exports.handler = (event, context, callback) => {

  // Get contents of response
  const response = event.Records[0].cf.response;
  const headers = response.headers;

  // Set new headers
  headers['strict-transport-security'] = [{
    key: 'Strict-Transport-Security',
    value: 'max-age=63072000; includeSubdomains; preload'
  }];
  headers['content-security-policy'] = [{
    key: 'Content-Security-Policy',
    value: "default-src 'none'; img-src 'self'; script-src 'self'; style-src 'self'; object-src 'none'"
  }];
  headers['x-content-type-options'] = [{
    key: 'X-Content-Type-Options',
    value: 'nosniff'
  }];
  headers['x-frame-options'] = [{
    key: 'X-Frame-Options',
    value: 'DENY'
  }];
  headers['x-xss-protection'] = [{
    key: 'X-XSS-Protection',
    value: '1; mode=block'
  }];
  headers['referrer-policy'] = [{
    key: 'Referrer-Policy',
    value: 'same-origin'
  }];

  // Return modified response
  callback(null, response);
};
```

[保存]ボタンをクリックし、[アクション]→[Lambda@Edgeへのデプロイ]を選択します。ディストリビューションは `serverlessRewriteUrl` と同じディストリビューションを設定します。[CloudFrontイベント]は[オリジンレスポンス]を選択します。

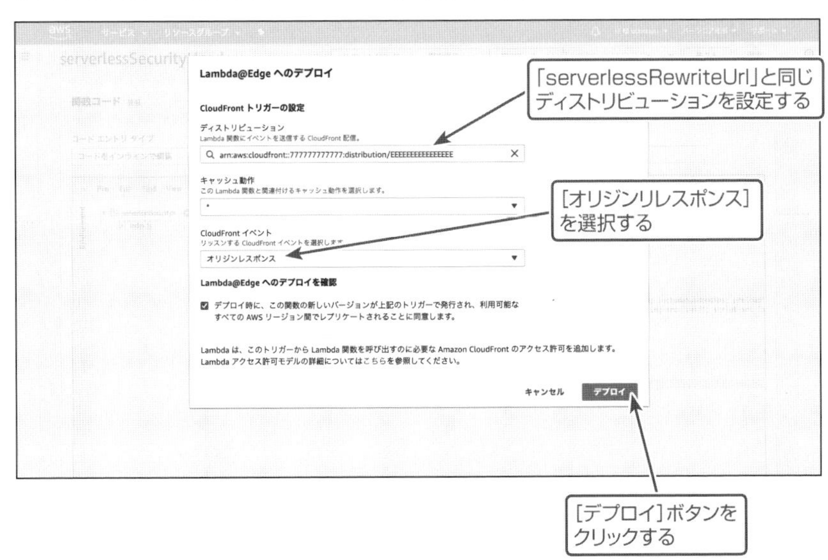

[デプロイ]ボタンをクリックし、Amazon CloudFrontの[Status]が「in Progress」から「Deployed」に切り替わったら、Mozilla Observatoryで[Initiate Rescan]ボタンをクリックして再評価します。

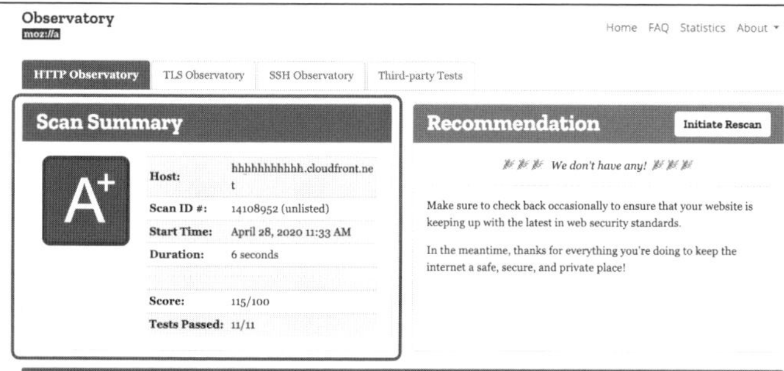

Test Scores

Test	Pass	Score	Reason	Info
Content Security Policy	✓	+10	Content Security Policy (CSP) implemented with `default-src 'none'` and no `'unsafe'`	ⓘ
Cookies	–	0	No cookies detected	ⓘ
Cross-origin Resource Sharing	✓	0	Content is not visible via cross-origin resource sharing (CORS) files or headers	ⓘ
HTTP Public Key Pinning	–	0	HTTP Public Key Pinning (HPKP) header not implemented (optional)	ⓘ
HTTP Strict Transport Security	✓	0	HTTP Strict Transport Security (HSTS) header set to a minimum of six months (15768000)	ⓘ
Redirection	✓	0	Initial redirection is to HTTPS on same host, final destination is HTTPS	ⓘ
Referrer Policy	✓	+5	Referrer-Policy header set to `"no-referrer"`, `"same-origin"`, `"strict-origin"` or `"strict-origin-when-cross-origin"`	ⓘ
Subresource Integrity	–	0	Subresource Integrity (SRI) is not needed since site contains no script tags	ⓘ
X-Content-Type-Options	✓	0	X-Content-Type-Options header set to `"nosniff"`	ⓘ
X-Frame-Options	✓	0	X-Frame-Options (XFO) header set to `SAMEORIGIN` or `DENY`	ⓘ
X-XSS-Protection	✓	0	X-XSS-Protection header set to `"1; mode=block"`	ⓘ

Content Security Policy Analysis

Test	Pass	Info
Blocks execution of inline JavaScript by not allowing `'unsafe-inline'` inside `script-src`	✓	ⓘ
Blocks execution of JavaScript's `eval()` function by not allowing `'unsafe-eval'` inside `script-src`	✓	ⓘ
Blocks execution of plug-ins, using `object-src` restrictions	✓	ⓘ
Blocks inline styles by not allowing `'unsafe-inline'` inside `style-src`	✓	ⓘ
Blocks loading of active content over HTTP or FTP	✓	ⓘ
Blocks loading of passive content over HTTP or FTP	✓	ⓘ
Clickjacking protection, using `frame-ancestors`	✕	ⓘ
Deny by default, using `default-src 'none'`	✓	ⓘ
Restricts use of the `<base>` tag by using `base-uri 'none'`, `base-uri 'self'`, or specific origins	✕	ⓘ
Restricts where `<form>` contents may be submitted by using `form-action 'none'`, `form-action 'self'`, or specific URIs	✕	ⓘ
Uses CSP3's `'strict-dynamic'` directive to allow dynamic script loading (optional)	–	ⓘ

Looking for additional help? Check out Google's CSP Evaluator!

Grade History

Date	Score	Grade
April 28, 2020 11:33 AM	115	A+
April 27, 2020 1:28 PM	20	F

Raw Server Headers

Raw Server Headers

Header	Value
Accept-Ranges:	bytes
Connection:	keep-alive
Content-Length:	133
Content-Security-Policy:	default-src 'none'; img-src 'self'; script-src 'self'; style-src 'self'; object-src 'none'
Content-Type:	text/html
Date:	Tue, 28 Apr 2020 02:33:38 GMT
ETag:	"5d963b1350c64d409d6ad0355564e83c"
Last-Modified:	Mon, 27 Apr 2020 04:09:14 GMT
Referrer-Policy:	same-origin
Server:	AmazonS3
Strict-Transport-Security:	max-age=63072000; includeSubdomains; preload
Via:	888888888888888888888888888888.cloudfront.net (CloudFront)
X-Amz-Cf-Id:	QQQQQQQQQQQQQQQQQQQQQQQQQQQQQQQQQQQQQQQQQQQQ
X-Amz-Cf-Pop:	CCCCCCC
X-Cache:	Miss from cloudfront
X-Content-Type-Options:	nosniff
X-Frame-Options:	DENY
X-XSS-Protection:	1; mode=block

評価がA+になりました。

まとめ

本節では、Amazon CloudFrontとLambda@Edge、Amazon S3を利用し、次のような処理の流れを紹介しました。

1. URLも末尾「/」でアクセス
2. 「/index.html」に補完
3. S3バケットのオブジェクトを返す
4. HTTPヘッダーにセキュリティヘッダーを追加する

Lambda@Edgeを利用する上で注意しなければならないのはバージニア北部リージョンのみ有効になる点です。また、オリジンリクエスト、オリジンレスポンスは名前が似ていて間違えやすいため、両方の利用例を紹介しました。

URL https://aws.amazon.com/jp/blogs/compute/implementing-default-directory-indexes-in-amazon-s3-backed-amazon-cloudfront-origins-using-lambdaedge/

URL https://aws.amazon.com/jp/blogs/networking-and-content-delivery/adding-http-security-headers-using-lambdaedge-and-amazon-cloudfront/

CHAPTER 06

サーバーレスの構築例

完全サーバーレスでのWebページ構築事案

最近では**サーバーレス=安い**という認識が浸透しており、顧客がサーバーレスに興味を持っていることが増えました。ここでは顧客の強い要望によりサーバーレスで商品紹介サイトを制作した事案を紹介します。

ここでは、WebサイトのAPIに関わる部分を扱います。次節でデータベースにデータを取り込むバッチ処理を扱います。

■概要

このWebサイトには静的ページとAPIのデータを表示させる動的ページを持ちます。HTML、CSS、JavaScript、画像はS3バケットへ配置しました。

APIはAmazon API Gateway、AWS Lambda、Amazon Aurora Serverlessの構成です。以前はVPC内のAWS Lambdaのコールドスタートに時間がかかるアンチパターンといわれていましたが、2019年9月にLambda関数がVPCに接続する方法が改善されました。

- [発表]Lambda関数がVPC環境で改善されます ｜ Amazon Web Services ブログ

  URL https://aws.amazon.com/jp/blogs/news/announcing-improved-vpc-networking-for-aws-lambda-functions/

VPC環境で実行されるLambda関数については他の節で詳しく触れているので、そちらをご覧ください。

他の方法として、Provisioned Concurrencyを利用することでコールドスタートの発生件数を抑えることができますが、通常のAWS Lambdaの利用料金に加えてProvisioned Concurrencyの利用料金が発生するため、この構成としました。

構成図

完全サーバーレスでのWebページとバッチを含めた全体の構成図は次のようになります。

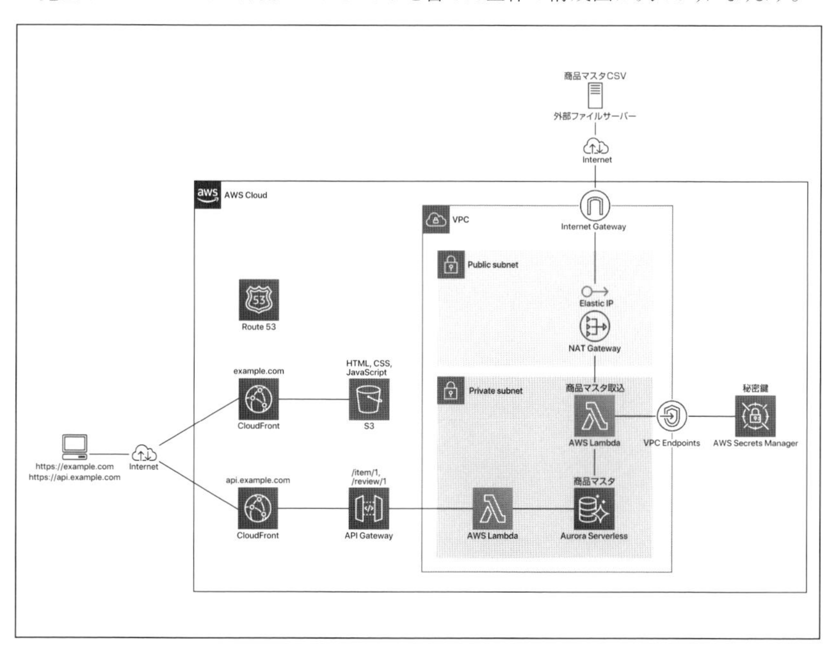

ここでは、Amazon CloudFront、Amazon API Gateway、AWS Lambda、Amazon Aurora Serverlessの範囲を扱います。扱う範囲の構成図は次の部分になります。全体の構成図の左下の部分です。

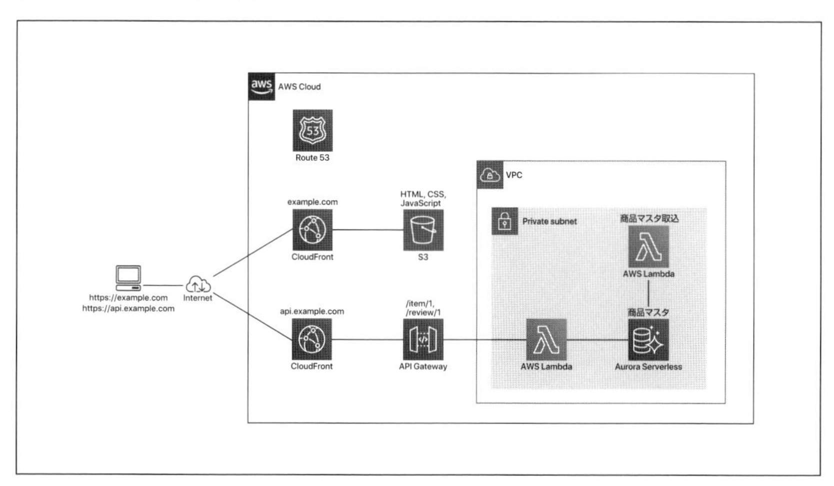

以降で構築の手順を紹介しますが、Amazon Route 53、Amazon CloudFront、S3バケットの作成は詳しくは記載しません。また、Lambda関数はPython 3.8で動作確認済みとなります。

Elastic IPの作成

　まずはElastic IPを設定します。オンプレミスのサーバーを管理したことのある方は驚かれると思いますが、AWS Lambaをはじめとしたサーバーレスアーキテクチャはサーバーがない(内部で起動時にサーバーが割り振られる)ため、固定のIPアドレスを持っていません。

　マネジメントコンソールの[サービス]→[VPC]→[Elastic IPアドレス]を選択します。[Elastic IPアドレス]→[割り当て]で固定されたIPアドレスを持つことができます。

　今後、このElastic IPを付与されたインターネットゲートウェイからインターネットへ出るAWS Lambda(この本では扱わないがEC2、ECS)はすべて今回、固定したIPアドレスになります。

　割り当てが完了すると一覧に取得したIPアドレスが表示されます。

サブネットの作成

次にVPC、サブネットを作成します。

DBはインターネットから遮断し、内部のネットワークのみのアクセスを許可したいため、プライベートサブネットに配置します。

マネジメントコンソールの[サービス]→[VPC]→[VPCウィザードの起動]を選択し、[パブリックとプライベートサブネットおよびハードウェアVPNアクセスを持つVPC]を選択します。

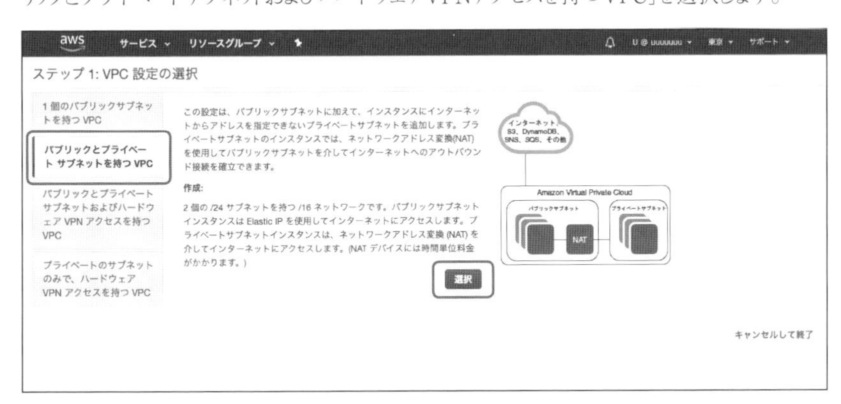

[Elastic IP割り当てID]にはElastic IPの作成で作成したIDを割り当てます。

VPCの作成をクリックし、しばらく待つとVPCが作成されます。

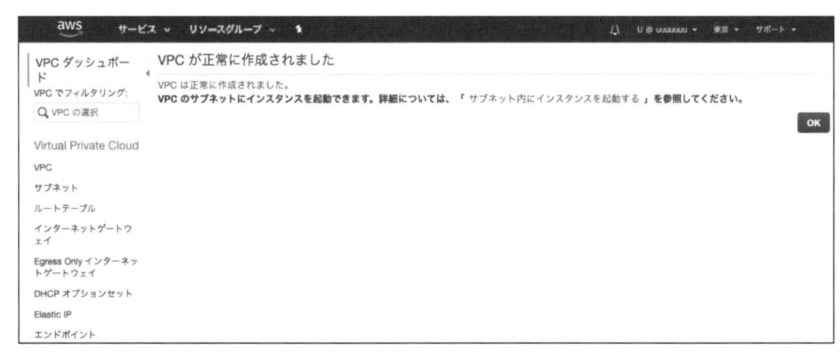

以上で構成図のVPCの枠内の設定が完了しました。

しかし、今の構成ではAZ(アベイラビリティゾーン)は1つの構成となります。次のステップでDBの作成を行いますが、冗長性を担保するため、2つ以上のAZでなければなりません。新たに異なるAZのサブネットを作る必要があります。

[マネジメントコンソールのサービス]→[VPC]→[サブネット]を選択するとプライベートサブネット、パブリックサブネットがともに1つずつ(筆者の場合、ともにap-northeast-1cへ)割り当てられています。

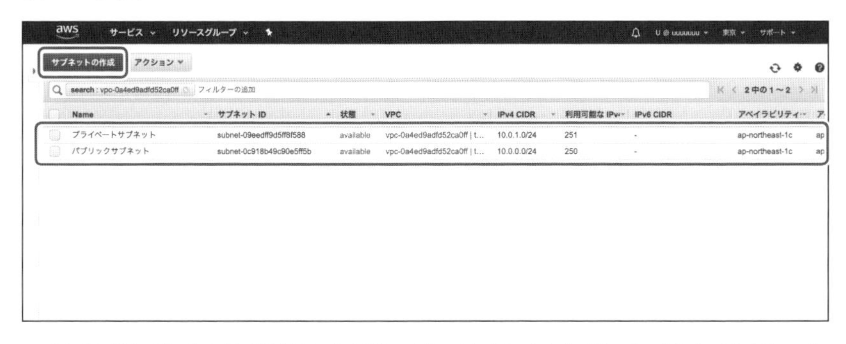

上図の[サブネットの作成]ボタンから別のAZのサブネットを作成していきます。東京リージョンでは執筆時でA、C、Dの3つのリージョンがあります。

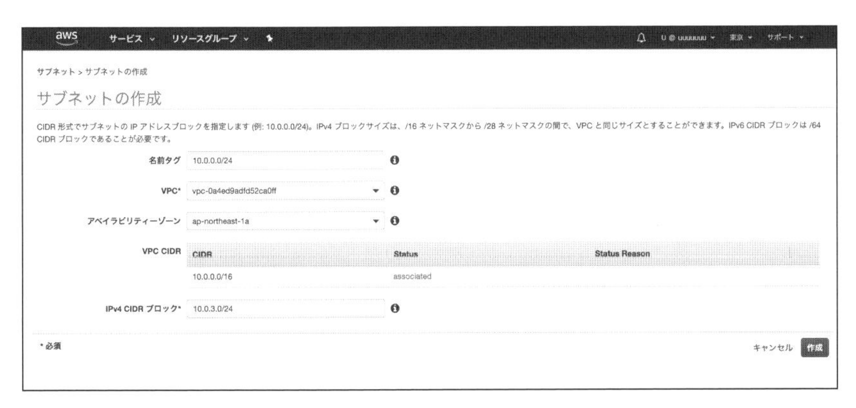

以上で複数のアベイラビリティゾーン(Multi AZ)を使った構成の準備が整いました。今回はコンソール画面から設定を行いましたが、後述するServerless Framework、AWS SAMなどのフレームワークを使うことにより再現性の高い構成をコードで管理することもできます。

セキュリティグループの作成

ここではAWS Lambda実行用のセキュリティグループとAmazon Aurora Serverlessのセキュリティグループの2つを作成します。

- lambda-serverless-sg
- rds-serverless-sg

まずはAWS Lambda用のセキュリティグループを作成します。

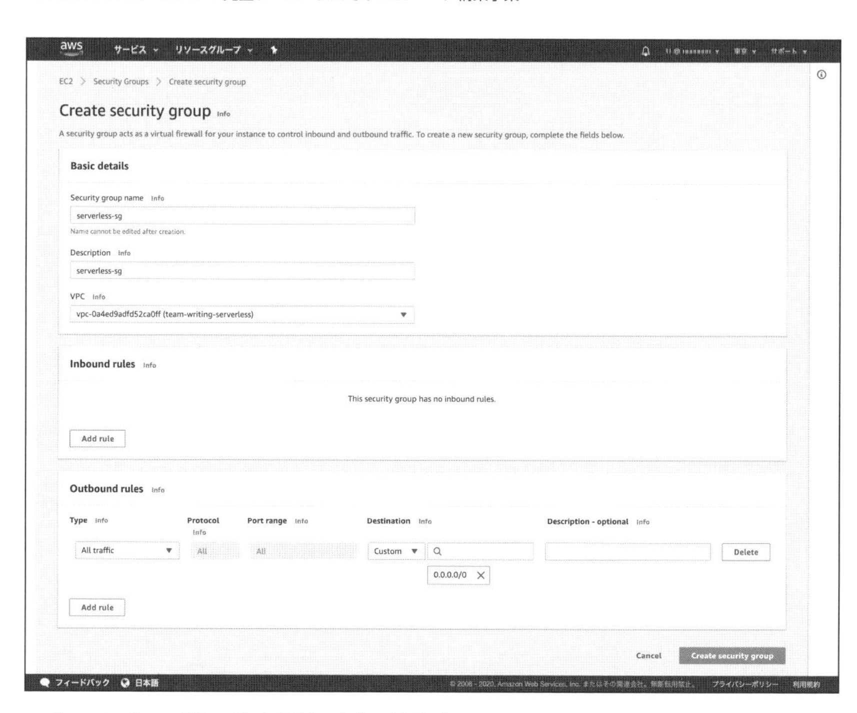

インバウンドに下記の設定を行います。後述するAmazon API GatewayからLambda関数を実行するため、443ポートを許可します。

項目	設定値
タイプ	カスタム TCPルール
プロトコル	TCP
ポート範囲	443
ソース	カスタム 0.0.0.0/0, ::/0
説明	(任意)

アウトバウンドは「すべてのトラフィック」を設定します。

作成されたLambda用のセキュリティグループのグループIDをクリップボードにコピーします。

次にRDS用のセキュリティグループ、サブネットグループを作成します。VPCには137ページで作成したVPCを選択します。インバウンドに下記の設定を行います。ソースには先ほど作成したAWS Lambda用のセキュリティグループのグループIDを指定します。この設定を行うことで、LambdaからDBへ接続することが可能になります。

項目	接照り
タイプ	MYSQL/Aurora
プロトコル	TCP
ポート範囲	3306
ソース	カスタム sg-xxxxxxxxxxxxxxxxx(AWS Lambda用のセキュリティグループ)
説明	(任意)

アウトバウンドは「すべてのトラフィック」を設定します。

138ページで複数のアベイラビリティゾーンを利用するサブネットを作成しましたが、これらをグループ化してRDSで利用できるようにします。

マネジメントコンソールの[サービス]→[RDS]→[サブネットグループ]を選択します。

VPCには137ページで作成したIDを指定します。アベイラビリティゾーンごとにサブネットを追加していきます。ここではプライベートサブネットのIDを指定します。今回はアベイラビリティゾーンA、Cの2つをグループ化します。

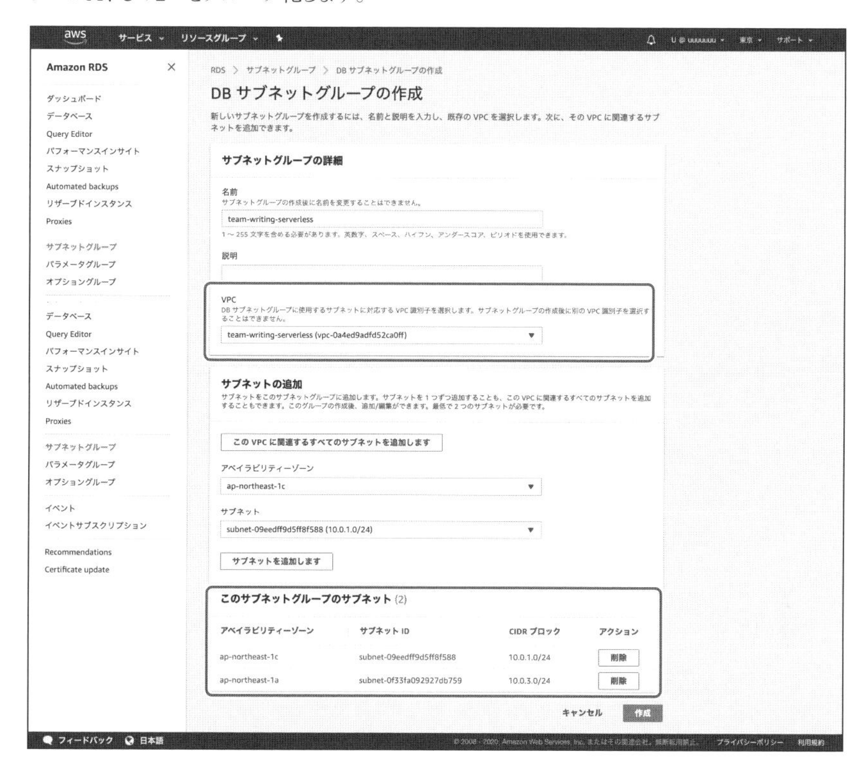

DBの作成

次にDBを作成します。マネジメントコンソールの[サービス]→[RDS]→[データベース]を選択し、[データベースの作成]ボタンをクリックします。

どの構成でDBを作成してもAPIを作成することは可能ですが、今回は下記の構成でDBを作成します。

項目	設定値
エンジンのタイプ	Amazon Aurora
バージョン	Aurora(MySQL)-5.6.10a
データベースの機能	サーバーレス
VPCセキュリティグループ	前ページで作成したセキュリティグループ

aws
サービス
リソースグループ
U @ uuuuuuu
東京
サポート
Amazon RDS
ダッシュボード
データベース
Query Editor
パフォーマンスインサイト
スナップショット
Automated backups
リザーブドインスタンス
Proxies
サブネットグループ
パラメータグループ
オプショングループ
イベント
イベントサブスクリプション
Recommendations
Certificate update
Amazon Aurora
Amazon Aurora は、1 USD/日以下から開始できる、MySQL および PostgreSQL 互換のエンタープライズクラスのデータベースです。Aurora は、最大 64 TB の自動スケーリングのストレージ容量、3 つのアベイラビリティゾーンで 6 通りまでの方式で行えるレプリケーション、および 15 個の低レイテンシーのリードレプリカをサポートします。詳細はこちら。
データベースの作成
または、S3 から Aurora DB クラスターを復元
リソース
更新
Asia Pacific (Tokyo) リージョンで、以下の Amazon RDS リソースを使用します (使用した量/クォータ)
DB インスタンス (0/40)
ストレージ割り当て (0 バイト/100.00 TB)
DB インスタンス上限を引き上げるには、こちらをクリックしてください
リザーブドインスタンス (0/40)
スナップショット (31)
手動 (1/100)
自動 (0)
最近のイベント (0)
パラメータグループ (1)
デフォルト (1)
カスタム (0/100)
オプショングループ (1)
デフォルト (1)
カスタム (0/20)
サブネットグループ (1/50)
サポートされているプラットフォーム VPC
デフォルトネットワーク vpc-8f83f7ea
追加情報
RDS のご利用にあたって
概要と機能
ドキュメント
記事 & チュートリアル
MySQL のデータインポートガイド
Oracle のデータインポートガイド
SQL Server のデータインポートガイド
RDS の新機能のお知らせ
料金
フォーラム
フィードバック
日本語
© 2008 - 2020, Amazon Web Services, Inc. またはその関連会社。無断転用禁止。
プライバシーポリシー
利用規約

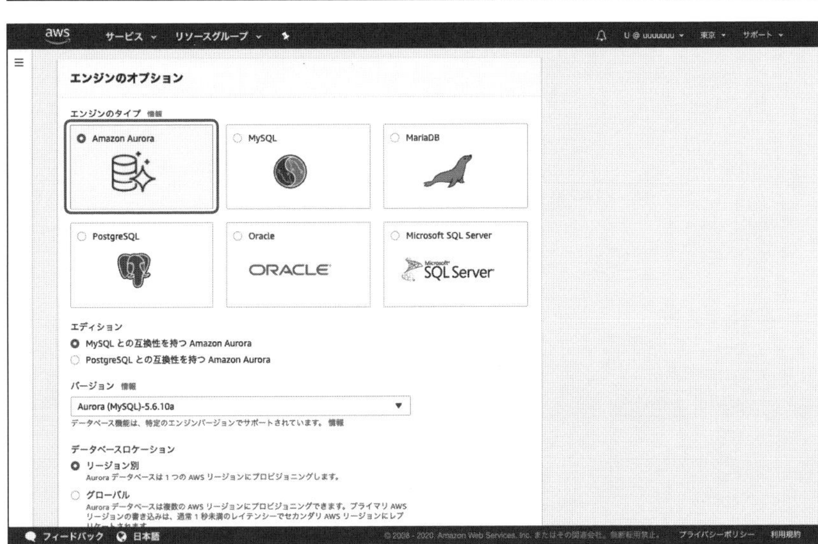

aws
サービス
リソースグループ
U @ uuuuuuu
東京
サポート
エンジンのオプション
エンジンのタイプ 情報
Amazon Aurora
MySQL
MariaDB
PostgreSQL
Oracle
ORACLE
Microsoft SQL Server
SQL Server
エディション
MySQL との互換性を持つ Amazon Aurora
PostgreSQL との互換性を持つ Amazon Aurora
バージョン 情報
Aurora (MySQL)-5.6.10a
データベース機能は、特定のエンジンバージョンでサポートされています。 情報
データベースロケーション
リージョン別
Aurora データベースは 1 つの AWS リージョンにプロビジョニングします。
グローバル
Aurora データベースは複数の AWS リージョンにプロビジョニングできます。プライマリ AWS リージョンの書き込みは、通常 1 秒未満のレイテンシーでセカンダリ AWS リージョンにレプリケートされます。
フィードバック
日本語
© 2008 - 2020, Amazon Web Services, Inc. またはその関連会社。無断転用禁止。
プライバシーポリシー
利用規約

01
02
03
04
05
06
サーバーレスの構築例
07

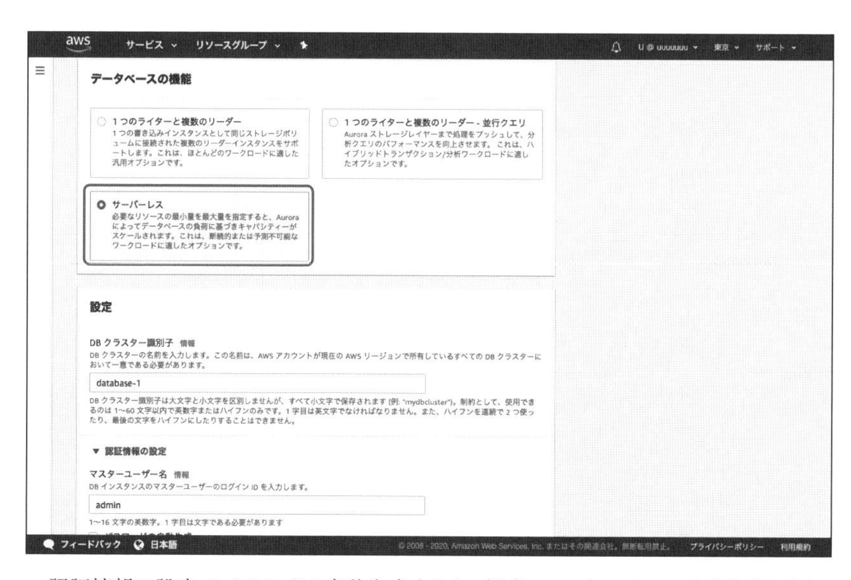

認証情報の設定でパスワードの自動生成するか、任意のマスターパスワードを入力します。このパスワードは後述するData APIで使用するため、控えておきましょう。

オプションのData APIを有効にします。Data APIを有効にすることで、コンソール画面からSQLを実行することができます。後述でテーブルを作成します。

DBが作成されるとマネジメントコンソールの[サービス]→[RDS]→[データベース]に一覧が表示されます。

次に日本語を正しく表示できるようにし、タイムゾーンを日本に設定します。

デフォルトのパラメータグループは変更ができないため、新規作成します。[サービス]→[RDS]→[パラメータグループ]→[パラメータグループの作成]を選択し、下記のパラメータグループを作成します。

項目	設定値
パラメータグループファミリー	aurora5.6
タイプ	DB Cluster Parameter Group
グループ名	serverless(任意)
説明	serverless(任意)

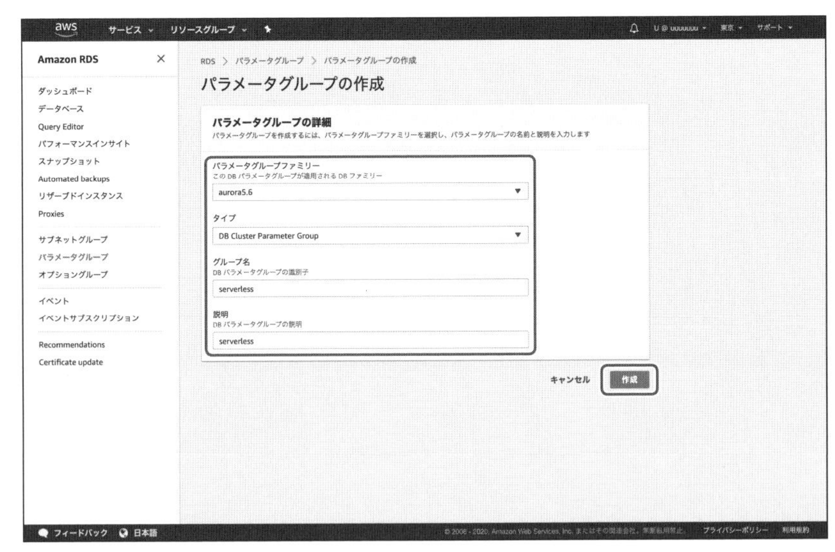

パラメータグループが作成されると、一覧に表示されるようになります。

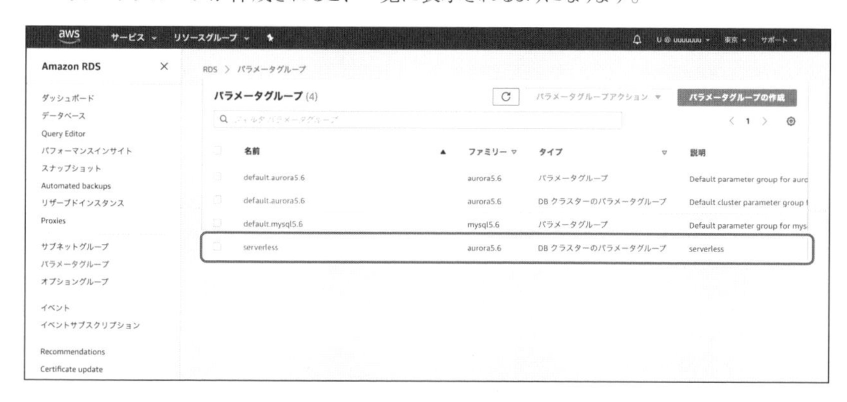

今作成した「serverless」という名前のパラメータグループを編集し、［フィルタパラメータのフォーム］に「character_set」と入力し、検索します。

下記の項目をONにし、［パラメーターの編集］ボタンをクリックします。

- character_set_client
- character_set_connection
- character_set_database
- character_set_filesystem
- character_set_results
- character_set_server

すべて［utf8］に設定し、［変更の保存］ボタンをクリックします。

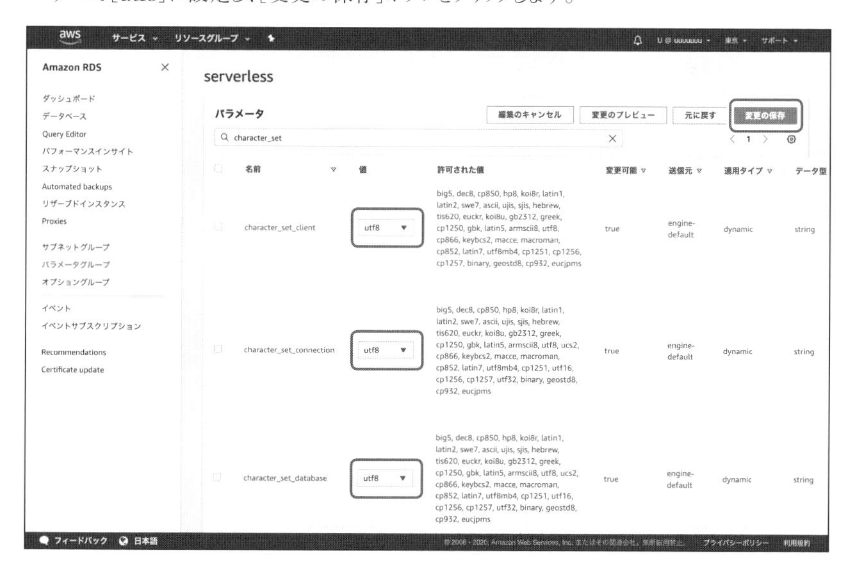

次に、[フィルタパラメータのフォーム]に「time_zone」と入力し、検索します。[time_zone]に[Asia/Tokyo]を設定し、[変更の保存]ボタンをクリックします。

変更のプレビューでデフォルトとの差分を見ることができます。今回行った設定では、次のようになります。

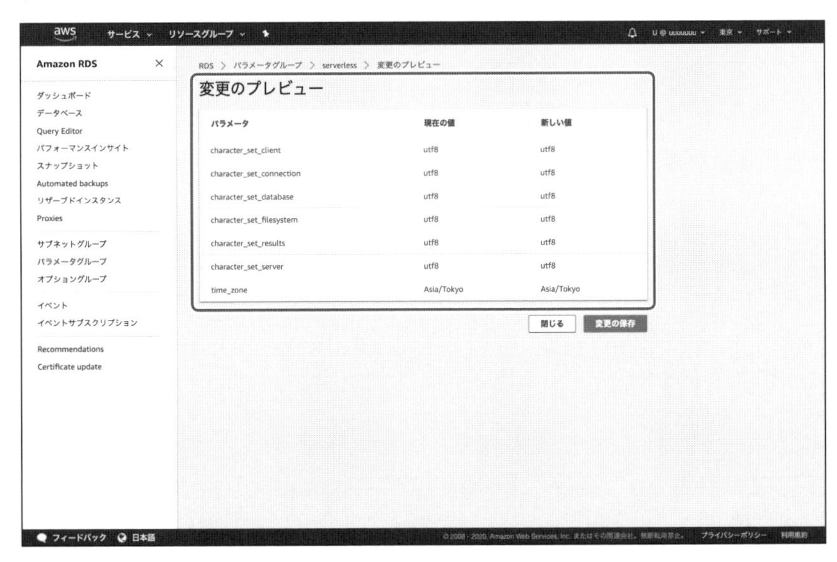

このパラメータグループをDBに適用していきます。

[サービス]→[RDS]→[データベース]→[今回作成したデータベース]→[変更]を選択します。[追加設定]→[データベースの設定]→[DBクラスターのパラメータグループ]で今回作ったパラメータグループである「serverless」を選択し、[次へ]ボタンをクリックします。[変更のスケジュール]は[すぐに適用]を選択し、[クラスターの変更]ボタンをクリックします。

以上でMySqlで日本語を扱うことができ、タイムゾーンを東京にすることができました。

Ⅲ 商品マスターの作成

Data APIを有効にすることで、コンソール画面からSQLを実行できます。

[サービス]→[RDS]→[Query Editor]を選択します。

下記の接続情報を入力します。

項目	設定値
データベースインスタンスまたはクラスター	作成したクラスタを選択する
データベースユーザー名	「新しいデータベース認証情報を追加します」を選択する
データベースユーザー名を入力してください	「admin」(または認証情報で設定したマスターユーザー名)を入力する
データベースパスワードを入力してください	認証情報で自動生成されたパスワード、または任意で設定したマスターパスワードを入力する
データベースまたはスキーマの名前を入力する(オプション)	空欄のまま

「データベースに接続します」ボタンをクリックします。

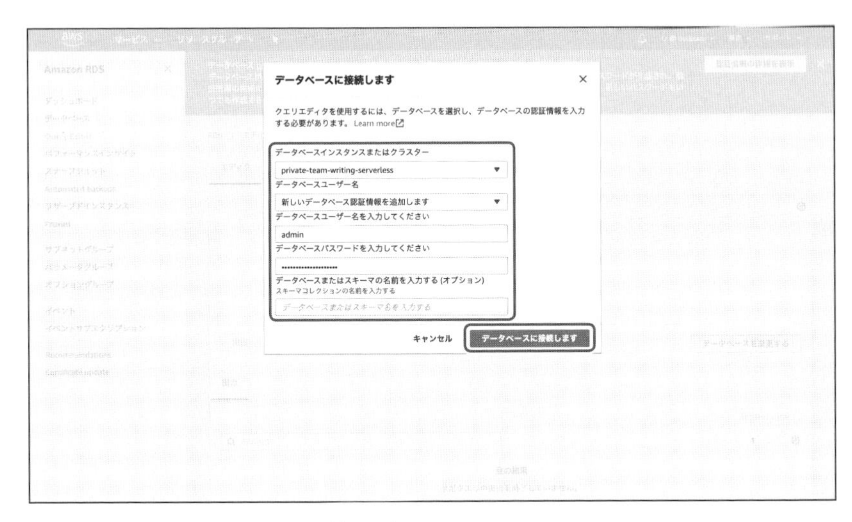

Amazon Aurora Serverlessに接続できました。

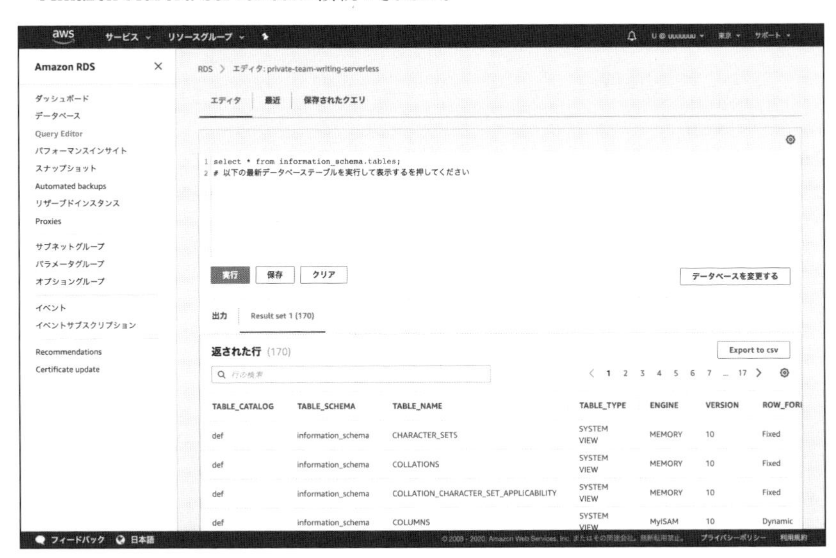

今回のデモで使用する商品マスタを作成します。

```
CREATE DATABASE serverless;


-- 商品マスタの作成
CREATE TABLE serverless.items (
  id INTEGER NULL AUTO_INCREMENT DEFAULT NULL,
  name VARCHAR(255) NULL DEFAULT NULL,
  price INTEGER NULL DEFAULT 0,
  created_at TIMESTAMP NOT NULL DEFAULT CURRENT_TIMESTAMP,
```

```
  updated_at TIMESTAMP NOT NULL DEFAULT CURRENT_TIMESTAMP ON UPDATE CURRENT_TIMESTAMP,
  deleted_at TIMESTAMP NULL DEFAULT NULL,
  PRIMARY KEY (id),
  INDEX index_price (price),
  INDEX index_created_at (created_at),
  INDEX index_updated_at (updated_at),
  INDEX index_deleted_at (deleted_at)
);

-- 商品データの登録
INSERT INTO serverless.items
   VALUES(
       NULL,
       '帽子',
       2000,
       '2020-01-01 00:00:00',
       '2020-01-01 00:00:00',
       NULL
   ),(
       NULL,
       'Tシャツ',
       10000,
       '2020-01-01 00:00:00',
       '2020-01-01 00:00:00',
       NULL
   ),(
       NULL,
       'ダメージジーンズ(限定モデル)',
       200000,
       '2020-01-01 00:00:00',
       '2020-01-01 00:00:00',
       '2020-01-04 00:00:00'
   ),(
       NULL,
       'ジーンズ',
       8000,
       '2020-05-05 00:00:00',
       '2020-05-05 00:00:00',
       NULL
   );

-- 確認
SELECT * FROM serverless.items;
```

AWS Lambda

AWS Lambdaを実行するロールを作成します。今回は「serverless-role」という名前のロールを作成します。

［サービス］→［IAM］→［ロール］→［ロールの作成］を選択します。［ユースケースの選択］→［一般的なユースケース］→［Lambda］を選択します。

「Attachアクセス権限ポリシー」画面で `AWSLambdaVPCAccessExecutionRole` をアタッチします。`AWSLambdaVPCAccessExecutionRole` は下記の権限となります。

```
{
    "Version": "2012-10-17",
    "Statement": [
        {
            "Effect": "Allow",
            "Action": [
                "logs:CreateLogGroup",
                "logs:CreateLogStream",
                "logs:PutLogEvents",
                "ec2:CreateNetworkInterface",
                "ec2:DescribeNetworkInterfaces",
                "ec2:DeleteNetworkInterface"
            ],
            "Resource": "*"
        }
    ]
}
```

［タグの追加（オプション）］は任意のタグを設定します。

設定内容を確認し、ロールを作成します。

次にAWS Lambdaを実装します。執筆時の環境は次の通りです。

```
macOS 10.14.6


$ python -V
Python 3.8.1


$ pip -V
pip 19.3.1 from /usr/local/lib/python3.8/site-packages/pip (python 3.8)
```

作業ディレクトリを用意し、`itemlist`という名前のディレクトリを作成します。`lambda_function.py`という名前のpythonファイルを作成します。また、そのディレクトリ内にmysqlクライアントのモジュールをインストールします

URL https://pymysql.readthedocs.io/

```
$ mkdir itemlist
$ cd itemlist
$ touch lambda_function.py
$ pip install pymysql -t .
```

`lambda_function.py`を編集します。下記の内容になります。

SAMPLE CODE lambda_function.py

```
import json
import sys
import os
import logging
import pymysql
from datetime import date, datetime

# DB 接続情報
RDS_HOST = os.environ['RDS_HOST']
DB_USERNAME = os.environ['DB_USERNAME']
DB_PASSWORD = os.environ['DB_PASSWORD']
DB_NAME = os.environ['DB_NAME']

# レスポンスヘッダー
HEADERS = {
    'Content-Type': 'application/json; charset=utf-8'
}

logger = logging.getLogger()
logger.setLevel(logging.INFO)

# SQL
query = """
SELECT name, price, created_at
```

▼

```
FROM items
WHERE deleted_at IS NULL
ORDER BY created_at DESC
"""


def lambda_handler(event, context):
    # DBへ接続
    try:
        conn = pymysql.connect(
            RDS_HOST,
            user=DB_USERNAME,
            passwd=DB_PASSWORD,
            db=DB_NAME,
            connect_timeout=5
        )

        # queryの実行
        with conn.cursor() as cur:
            cur.execute(query)
            logger.info(cur._executed)

            item_list = cur.fetchall()

        return {
            'isBase64Encoded': False,
            'statusCode': 200,
            'headers': HEADERS,
            'body': json.dumps(item_list, default=str)
        }

    except:
        logger.error('ERROR: DB Connection error')
        return {
            'isBase64Encoded': False,
            'statusCode': 500,
            'headers': HEADERS,
            'body': []
        }
```

▶ zipファイルのアップロード

次のコマンドで `itemlist` ディレクトリ以下がzipファイルになります。

```
$ zip -r itemlist.zip .
```

生成された `itemlist.zip` ファイルをアップロードします。[関数コード]→[コードエントリタイプ]のドロップダウンリストから[.zipファイルをアップロード]を選択します。

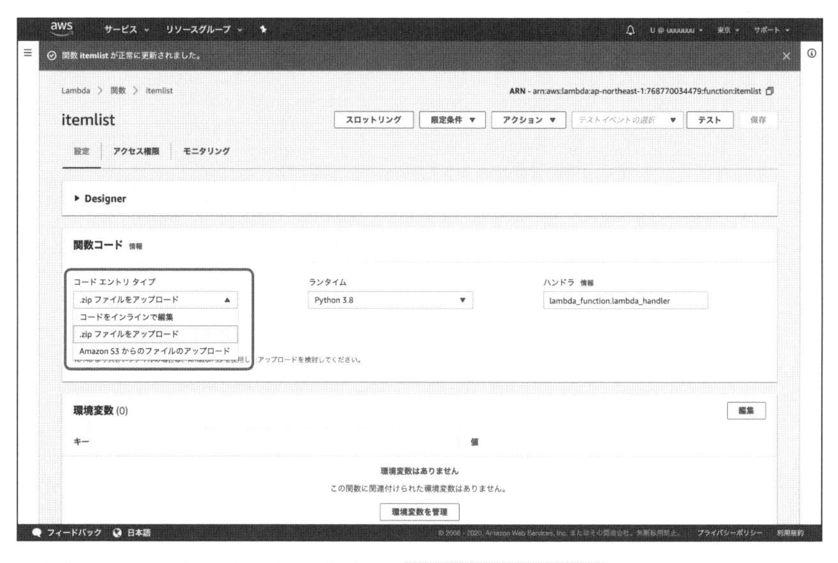

実行ロールを設定します。先ほど作成した `serverless-role` を指定します。

RDSの接続先情報をAWS Lambdaの環境変数に設定します。RDSのホスト名は[サービス]→[RDS]→[データベース]→[(作成したクラスタ名)]から参照することができます。

環境変数	設定値
RDS_HOST	エンドポイントの値
DB_USERNAME	作成したデータベースユーザー名
DB_PASSWORD	作成したデータベースパスワード
DB_NAME	作成したデータベース名

VPCの設定を行います。VPCにRDSと同じVPCを指定します。サブネットはプライベートサブネットのA、C両方のリージョンを指定します。

Amazon API Gateway

HTTP APIを構築します。

［統合タイプ］は［Lambda］を指定します。［統合ターゲット］は今回は東京リージョンの［itemlist］を指定します。［API名］は任意の値を入力します。

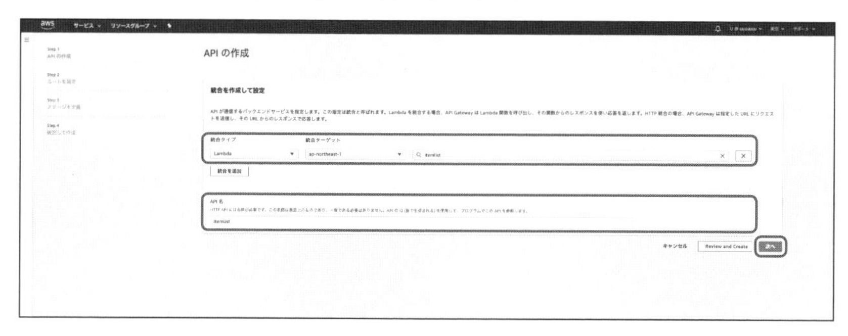

今回の［itemlist］はGETメソッドのみを想定しているため、［メソッド］は［GET］を選択します。

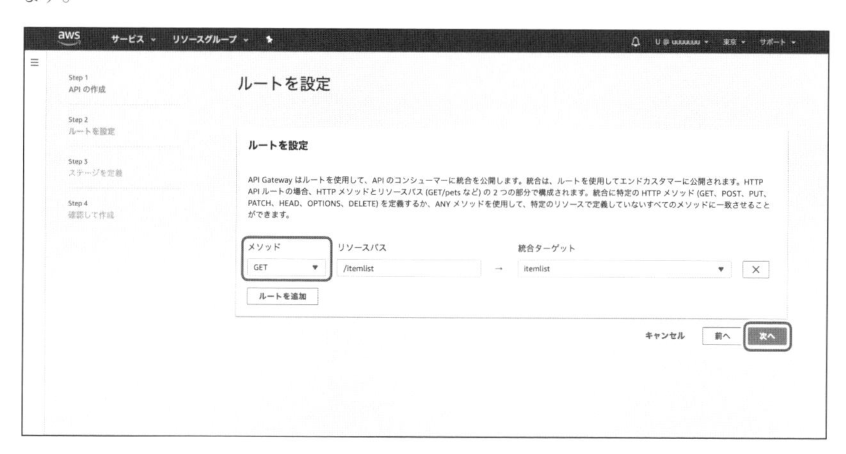

［ステージ名］は［$default］のまま次へ進みます。ステージについては後述します。

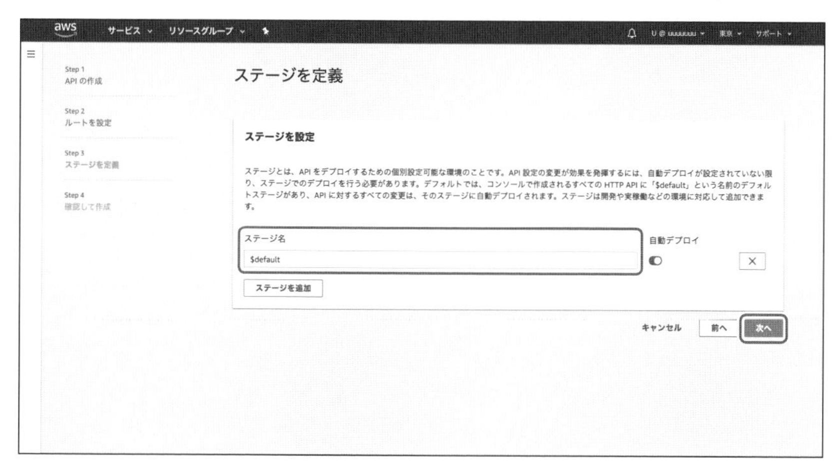

内容を確認し、APIを作成します。

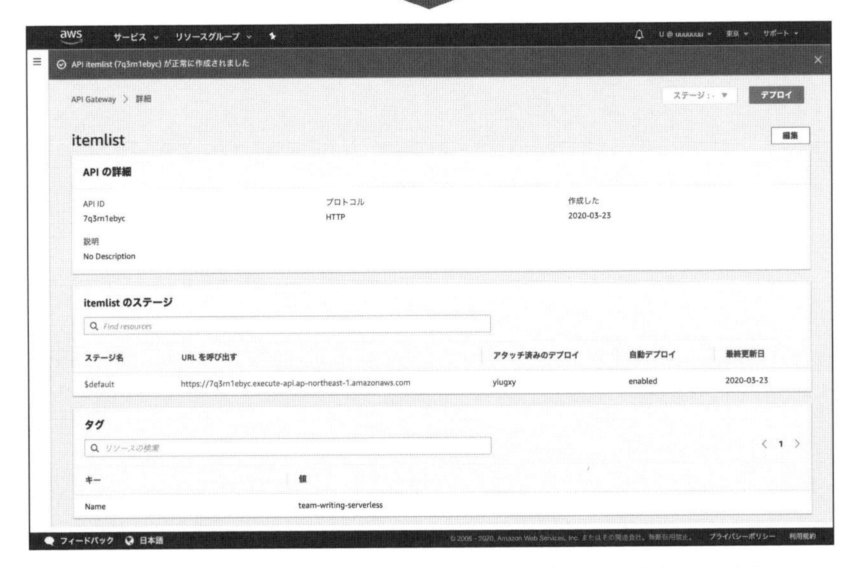

今回作成したAPIを確認してみましょう。ターミナルから下記のコマンドを入力します。

```
$ curl https://xxxxxxxxxx.execute-api.ap-northeast-1.amazonaws.com/itemlist
[["\u30b8\u30fc\u30f3\u30ba", 8000, "2020-05-05 00:00:00"], ["\u5e3d\u5b50", 2000,
"2020-01-01 00:00:00"], ["T\u30b7\u30e3\u30c4", 10000, "2020-01-01 00:00:00"]]
```

▶ステージ

Amazon API Gatewayではステージの設定を行うことができます。ステージは、デプロイへの名前を付けたリファレンスで、これはAPIのスナップショットです。

ステージを使用して、特定のデプロイを管理および最適化します。たとえば、ステージの設定をセットアップして、キャッシングを有効にしたり、リクエストスロットリングをカスタマイズしたり、ロギングを設定したり、ステージ変数を定義したり、テストのためにカナリアリリースを添付したりすることができます。

この機能は、たとえば、本番環境、ステージング環境、開発環境でエンドポイントを分けることができます。

また、参照するLambda関数のバージョンを指定することができます。たとえば、新たにProd、Stageの2つのステージを作って、$defaultを即時反映する開発環境、Stageをステージング環境、Prodを本番環境のように環境を分けることができます。

- 開発環境：https://xxxxxxxxxx.execute-api.ap-northeast-1.amazonaws.com/itemlist
- ステージング環境：https://xxxxxxxxxx.execute-api.ap-northeast-1.amazonaws.com/Stage/itemlist
- 本番環境：https://xxxxxxxxxx.execute-api.ap-northeast-1.amazonaws.com/Prod/itemlist

新サービス利用によるさらなる改善

本来はDBの接続情報はAWS Secrets Managerを利用したいのですが、執筆時はAWS Lambda内でシークレット値の取得に約0.1秒かかります。本節ではAPIのレスポンスに余分な0.1秒をかけたくなかったため、環境変数を使いました。

今回はLambda関数の中で初回起動の早いPythonを使った事案を紹介しました。Provisioned Concurrencyを利用した場合では初回起動が遅く、処理速度の速いJavaを使ったLambda関数を利用することで、よりレスポンスの速いAPIを作成することができます。

まとめ

本節ではマネージメントコンソール画面を使ってAPIを作成しました。業務ではLambda関数のデプロイ、S3バケットの作成、ネットワークの構築などはコンソール画面からではなく、AWS SAMフレームワーク、Serverless Frameworkなどのフレームワークを利用することがほとんどです。

また、Lambda関数内に記述するソースコードやS3バケットに配置するHTMLファイル、CSSはAWS Code CommitやGitHubなどで管理し、複数のエンジニアで開発してサービスを作成していくことが多いです。

SECTION-029

完全サーバーレスでのWebページのバッチ部分

前節で紹介したWebページの裏側に当たる、バッチの部分を紹介します。

今回の実践例は商品の情報が入った商品のマスターデータが他社のファイルサーバーに置いてあり、定期的に取得しなければいけないという想定になります。マスターデータのファイルををS3に配置できる企業や、マスターデータAPIを公開可能な企業ばかりではありません。

AWS Transfer for SFTPを構築し、このSFTPサーバーを他社のファイルサーバと見立ててSFTP通信します。

概要

バッチは次の想定とします。

- 商品マスタデータは外部のファイルサーバーに格納されており、SFTP通信で取得する必要がある
- 商品マスタデータは「items.csv」というファイル名で下記の内容になる

```
id,name,price,deleted_at
1,Hat,2000,
2,Tシャツ,10000,
3,ダメージジーンズ(限定モデル),200000,2020-01-04 00:00:00
4,ジーンズ,8000,
```

- バッチでこのcsvファイルの内容をDBの商品マスタテーブルに保存する
- 商品マスタテーブルは1日1回午前4時に更新する

構成図

完全サーバーレスでのWebページ構築事案を含めた全体の構成図は次ページのようになります。

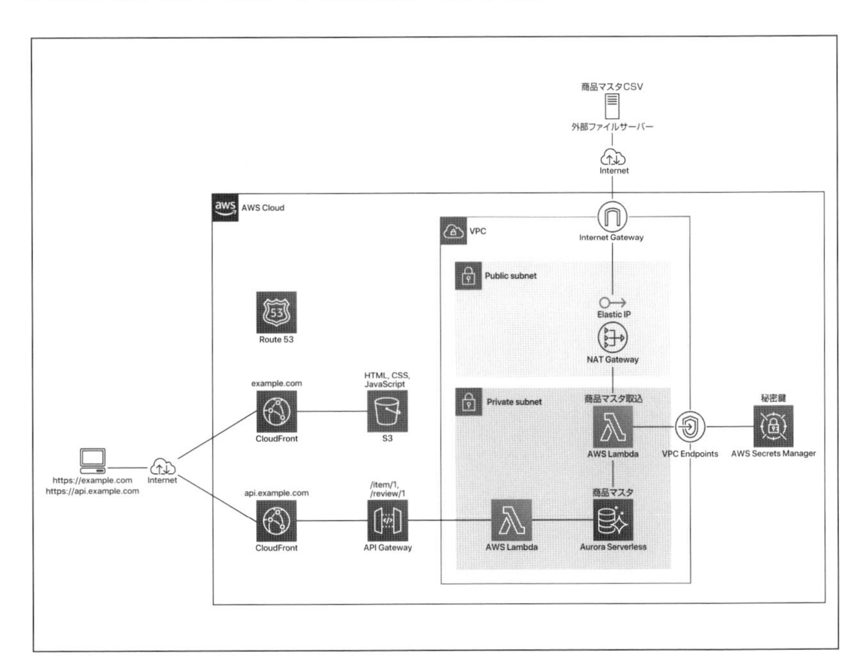

本節ではAWS Transfer for SFTP、AWS Lambda、Amazon Aurora Serverlessの範囲を扱います。本節で扱う範囲の構成図は次の部分になります。全体の構成図の右側の部分になります。

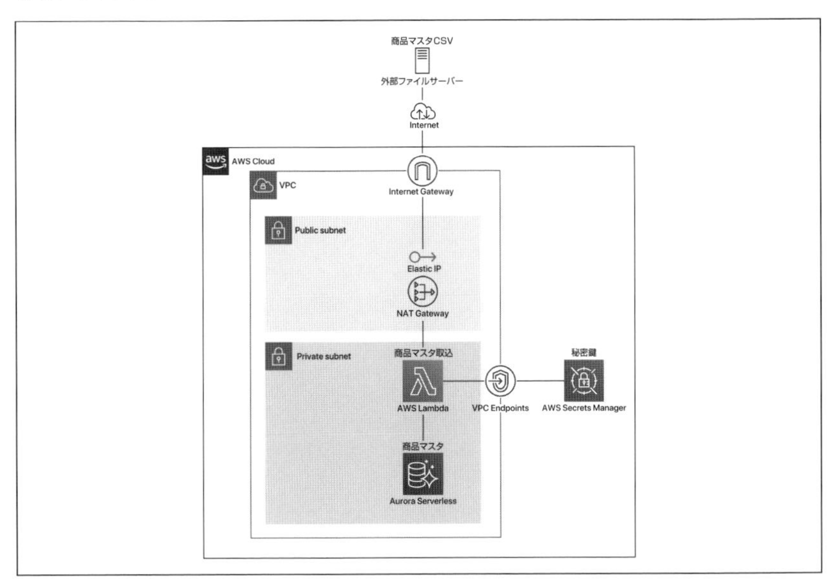

以降で構築の手順を紹介しますが、S3バケットの作成、VPC構築は詳しくは記載しません。また、Lambda関数はPython 3.8で動作確認済みとなります。

AWS Transfer for SFTPの構築

AWS Transfer for SFTPは、Secure File Transfer Protocol(SFTP、別名:Secure Shell (SSH) File Transfer Protocol)を使用してAmazon S3とファイルを直接転送できる、フルマネージド型サービスです。

- AWS Transfer for SFTP(フルマネージド型SFTPサービス)
  URL https://aws.amazon.com/jp/sftp/

▶ S3バケットの作成

今回はAWS Transfer for SFTP用に `serverless-transfer` というバケットを作成します。**S3バケットは、すべてのAWSアカウントで一意でなければ作成することはできません。読者の皆様は一意のバケットを作成してください。**詳しくは開発者ガイドを御覧ください。

- バケットの制約と制限
  URL https://docs.aws.amazon.com/ja_jp/AmazonS3/latest/dev/BucketRestrictions.html

▶ AWS Transfer for SFTPのためのIAM ポリシーの作成

今回は `transfer` という名前のロールを作成します。アクセス制限は次の内容になります。Resourceには**ご自身で作成したバケット**を設定してください。

```
{
    "Version": "2012-10-17",
    "Statement": [
        {
            "Sid": "AllowListingOfUserFolder",
            "Action": [
                "s3:ListBucket",
                "s3:GetBucketLocation"
            ],
            "Effect": "Allow",
            "Resource": [
                "arn:aws:s3:::[バケット名]"
            ]
        },
        {
            "Sid": "HomeDirObjectAccess",
            "Effect": "Allow",
            "Action": [
                "s3:PutObject",
                "s3:GetObject",
                "s3:DeleteObjectVersion",
                "s3:DeleteObject",
                "s3:GetObjectVersion"
            ],
            "Resource": "arn:aws:s3:::[バケット名]/*"
        }
```

06 サーバーレスの構築例

```
  ]
}
```

次に信頼関係を設定します。次の内容になります。

```
{
  "Version": "2012-10-17",
  "Statement": [
    {
      "Effect": "Allow",
      "Principal": {
        "Service": "transfer.amazonaws.com"
      },
      "Action": "sts:AssumeRole"
    }
  ]
}
```


▶AWS Transfer for SFTPの構築

下記はAWS Transfer for SFTPのマネジメントコンソール画面です。[Create server]ボタンをクリックし、SFTPサーバーを構築します。

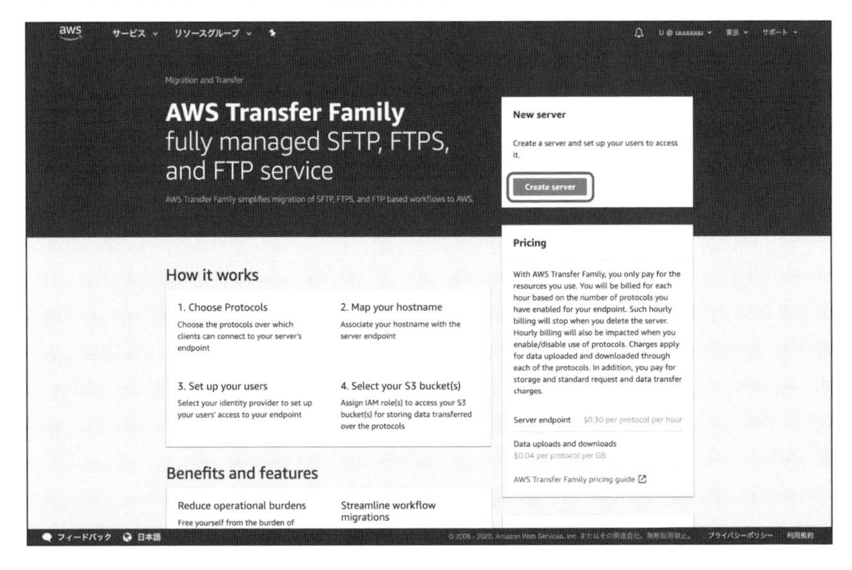

SFTPサーバーを作成します。[Select the protocols you want to enable]では[SFTP (SSH File Transfer Protocol) - file transfer over Secure Shell]のみを選択します。[Identity provider type]では[Service managed]を選択します。

[Endpoint type]では[Publicly accessible]を選択し、[Custom hostname]は今回は検証のためのみ利用するため、[None]を選択します。

[Logging role]と[RSA private key]は、今回は検証のためのみ利用するため空のまま次へ進みます。

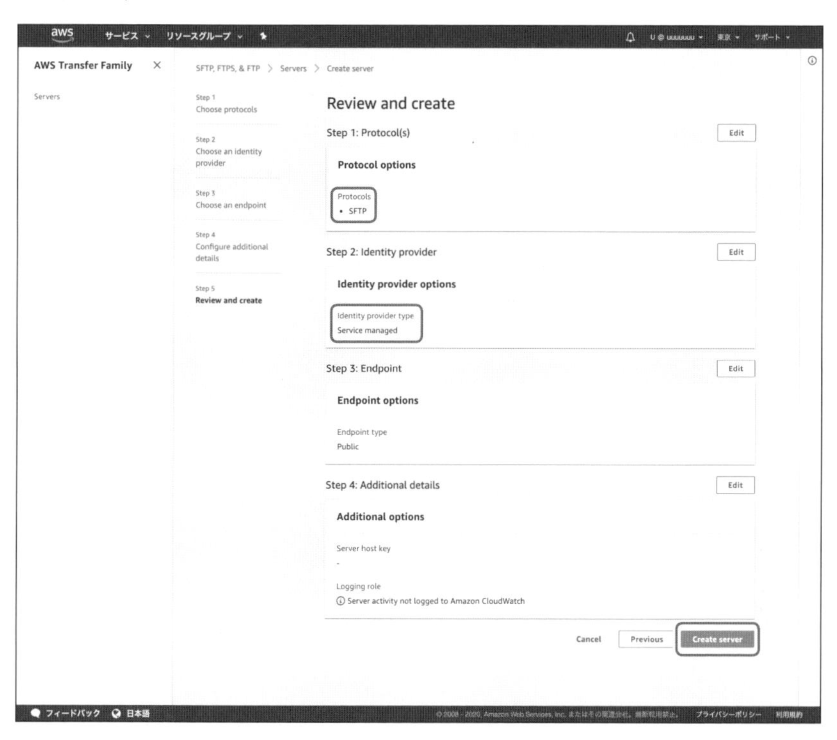

SFTPサーバー作成後、一覧画面に作成されたSFTPサーバーが表示されます。

SSHの公開鍵と秘密鍵を作成します。今回、秘密鍵は次のコマンドでローカル環境で作成しました。パスフレーズは設定していません。

```
$ ssh-keygen -m PEM -t rsa
$ chmod 400 ~/.ssh/id_rsa
```

公開鍵の内容を[SSH public key]のフォームへ貼り付けて追加します。次のコマンドで公開鍵がクリップボードにコピーされます。

```
$ cat ~/.ssh/id_rsa.pub | pbcopy
```

今回は「transfer-test」というユーザーを使って接続します。先ほど設定したtransferロールをアタッチし、ユーザーを追加します。

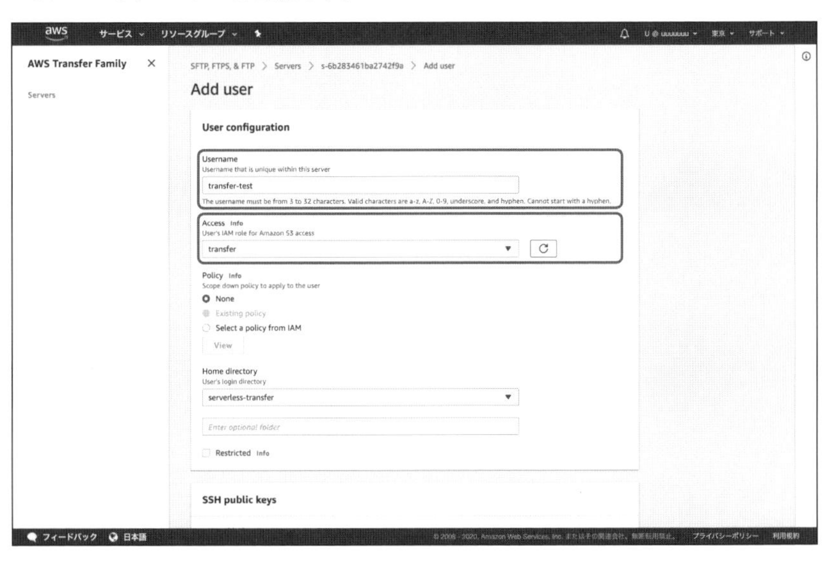

接続の確認をしてみましょう。また、ファイルをアップロードしてみましょう。今回は作業ディレクトリに `items.csv` を作成し、SFTPサーバーへアップロードできるか検証します。 `items.csv` は次の内容になります。

SAMPLE CODE items.csv

```
id,name,price,deleted_at
1,Hat,2000,
2,Tシャツ,10000,
3,ダメージジーンズ(限定モデル),200000,2020-01-04 00:00:00
4,ジーンズ,8000,
```

次のコマンドの[SFTPサーバーのエンドポイント]の部分は**自身が作成したエンドポイント**を入れてください。 `s-00000000000000000.server.transfer.ap-northeast-1.amazonaws.com` のような値です。

```
$ sftp -i ~/.ssh/id_rsa transfer-test@[SFTPサーバーのエンドポイント]
Connected to transfer-test@[SFTPサーバーのエンドポイント].
sftp> put items.csv
Uploading items.csv to /[バケット名]/items.csv
items.csv                    100%    0     0.0KB/s   00:00
sftp> ls
items.csv
sftp>
```

serverless-transferバケットに `items.csv` がアップロードされることが確認できましたら、AWS Transfer for SFTP構築の完了です。

秘密鍵をSecrets Managerに登録する

AWS Lambdaから安全に秘密鍵を利用できるように秘密鍵をSecrets Managerに登録します。TransferSecretという名前で登録します。

```
$ aws secretsmanager create-secret --name TransferSecret \
    --secret-string file://~/.ssh/id_rsa
```

次の「バッチ作成」で使用するので、**作成したTransferSecretのARNを控えておきましょう**。 `arn:aws:secretsmanager:ap-northeast-1:000000000000:secret:TransferSecret-XXXXXX` のような値です。

バッチの作成

AWS Lambdaを実行するロールを作成します。今回は `serverless-batch-role` という名前のロールを作成します。「Attachアクセス権限ポリシー」画面で `AWSLambdaVPCAccessExecutionRole` に加え、Secrets ManagerのTransferSecretの値のみ取得できる権限をアタッチします。権限のは次の内容になります。Secrets ManagerのResourceには**自身が作成したTransferSecretのARN**を設定してください。

```
{
    "Version": "2012-10-17",
    "Statement": [
        {
            "Effect": "Allow",
            "Action": [
                "ec2:CreateNetworkInterface",
                "logs:CreateLogStream",
                "ec2:DescribeNetworkInterfaces",
                "ec2:DeleteNetworkInterface",
```

▼

```
                "logs:CreateLogGroup",
                "logs:PutLogEvents"
            ],
            "Resource": "*"
        },
        {
            "Effect": "Allow",
            "Action": "secretsmanager:GetSecretValue",
            "Resource": "[TransferSecretのARN]"
        }
    ]
}
```


Lambda関数を作成して、先ほど構築したSFTPサーバーへ接続してみましょう。paramikoというPythonの外部モジュールを利用します。

本節で最大の注意点になりますが、**Macでparamikoをビルドした場合、AWS Lambdaでparamikoを利用することができません**。paramikoを含む一部のPythonモジュールはOSに依存するためです。

paramikoをAWS Lambdaで実行させるためにDockerイメージのAmazon Linux 2内もしくは、EC2のAmazon Linux 2内でparamikoをビルドする必要があります。詳しくはAWSナレッジセンターの回答をご覧ください。

- Python用のAWS Lambdaデプロイパッケージを作成するには、どうすればよいですか?

  URL https://aws.amazon.com/jp/premiumsupport/knowledge-center/build-python-lambda-deployment-package/

本節では詳しく扱いませんが、AWS SAM CLIを利用する場合は、AWS Lambda実行環境と互換性のあるDockerイメージ内部にデプロイパッケージを構築するオプションも用意されいます。

- PythonのAWS Lambdaデプロイパッケージ

  URL https://docs.aws.amazon.com/ja_jp/lambda/latest/dg/python-package.html

また、AWS LambdaのランタイムごとにOSが異なるので注意してください。Python 3.8はAmazon Linux 2ですが、Python 3.7はAmazon Linuxとなります。詳しくは開発者ガイドをご覧ください。

- AWS Lambdaランタイム

  URL https://docs.aws.amazon.com/ja_jp/lambda/latest/dg/lambda-runtimes.html

執筆時の開発環境はEC2となります。

```
$ cat /etc/system-release
Amazon Linux release 2 (Karoo)
$ python3.8 -V
Python 3.8.1
$ pip3.8 -V
pip 19.2.3 from /usr/local/lib/python3.8/site-packages/pip (python 3.8)
```

作業ディレクトリを用意し、`itembatch`という名前のディレクトリを作成します。

```
$ mkdir itembatch
$ cd itembatch
$ touch lambda_function.py
$ pip3.8 install paramiko -t .
$ pip3.8 install pymysql -t .
```

`lambda_function.py`を編集します。次の内容になります。

SAMPLE CODE lambda_function.py

```
import sys
import os
import logging
import boto3
import base64
import json
import csv
import pymysql.cursors
from botocore.exceptions import ClientError
from paramiko import SSHClient, AutoAddPolicy


# SFTP  接続情報
HOST = os.environ['HOST']
PORT = os.environ['PORT']
USER = os.environ['USER']
# DB 接続情報
RDS_HOST = os.environ['RDS_HOST']
DB_USERNAME = os.environ['DB_USERNAME']
DB_PASSWORD = os.environ['DB_PASSWORD']
DB_NAME = os.environ['DB_NAME']

SECRET_NAME = os.environ['SECRET_NAME']
REGION_NAME = os.environ['REGION_NAME']
TMP_DIR = '/tmp'
PRIVATE_KEY = 'id_rsa'
FILE_NAME = 'items.csv'

logger = logging.getLogger()
```

```
logger.setLevel(logging.INFO)


# SQL
query = '''
INSERT INTO
    items (id, name, price, deleted_at)
    VALUES (%s, %s, %s, %s)
    ON DUPLICATE KEY UPDATE
        id = VALUES(id),
        name = VALUES(name),
        price = VALUES(price),
        deleted_at = VALUES(deleted_at)
'''


def lambda_handler(event, context):
    # Secrets Managerから秘密鍵をダウンロードする
    try:
        secret = get_secret()
        with open(os.path.join(TMP_DIR, PRIVATE_KEY), mode='w') as f:
            f.write(secret)

    except Exception as e:
        logger.error(e)
        return {
            'statusCode': 500,
            'results' : 0,
            'error': json.dumps(e, default=str)
        }

    ssh = SSHClient()
    ssh.set_missing_host_key_policy(AutoAddPolicy())
    # 接続
    ssh.connect(HOST, PORT, USER, key_filename=os.path.join(TMP_DIR, PRIVATE_KEY))

    sftp = ssh.open_sftp()
    logger.info(sftp.listdir())

    sftp.get(FILE_NAME, os.path.join(TMP_DIR, FILE_NAME))
    ssh.close()

    bind = []
    with open(os.path.join(TMP_DIR, FILE_NAME)) as f:
        for row in csv.DictReader(f):
            if not row.get('deleted_at'): row['deleted_at'] = None
            bind.append((
                int(row.get('id')),
                row.get('name'),
```

```
                int(row.get('price')),
                row.get('deleted_at')
            ))
    logger.info(bind)
    # INSERT文の実行
    results = run_query(query, bind)
    if results:
        return {
            'statusCode': 200,
            'results': results
        }
    else:
        return {
            'statusCode': 500,
            'results' : 0
        }


def get_secret():
    logger.info('Inside get_secret...')
    # Create a Secrets Manager client
    session = boto3.session.Session()
    client = session.client(
        service_name='secretsmanager',
        region_name=REGION_NAME
    )

    # In this sample we only handle the specific exceptions for the 'GetSecretValue' API.
    # See https://docs.aws.amazon.com/secretsmanager/latest/apireference/API_GetSecretValue.html
    # We rethrow the exception by default.

    try:
        get_secret_value_response = client.get_secret_value(
            SecretId=SECRET_NAME
        )

    except ClientError as e:
        if e.response['Error']['Code'] == 'DecryptionFailureException':
            # Secrets Manager can't decrypt the protected secret text using the provided KMS key.
            # Deal with the exception here, and/or rethrow at your discretion.
            raise e
        elif e.response['Error']['Code'] == 'InternalServiceErrorException':
            # An error occurred on the server side.
            # Deal with the exception here, and/or rethrow at your discretion.
            raise e
        elif e.response['Error']['Code'] == 'InvalidParameterException':
            # You provided an invalid value for a parameter.
```

```
            # Deal with the exception here, and/or rethrow at your discretion.
            raise e
        elif e.response['Error']['Code'] == 'InvalidRequestException':
            # You provided a parameter value that is not valid for the current state of
            # the resource.
            # Deal with the exception here, and/or rethrow at your discretion.
            raise e
        elif e.response['Error']['Code'] == 'ResourceNotFoundException':
            # We can't find the resource that you asked for.
            # Deal with the exception here, and/or rethrow at your discretion.
            raise e
    else:
        # Decrypts secret using the associated KMS CMK.
        # Depending on whether the secret is a string or binary,
        # one of these fields will be populated.
        if 'SecretString' in get_secret_value_response:
            logger.info('Inside string response...')
            return get_secret_value_response['SecretString']
        else:
            logger.info('Inside binary response...')
            return base64.b64decode(get_secret_value_response['SecretBinary'])


def run_query(query, bind):
    logger.info('Inside run_query...')
    # DBへ接続
    try:
        conn = pymysql.connect(
            RDS_HOST,
            user=DB_USERNAME,
            passwd=DB_PASSWORD,
            db=DB_NAME,
            connect_timeout=60
        )

        # queryの実行
        with conn.cursor() as cur:
            results = cur.executemany(query, bind)
            logger.info(cur._executed)
            conn.commit()

        return results

    except Exception as e :
        logger.error(json.dumps(e, default=str))
        return 0
```

▶ zipファイルのアップロード

下記のコマンドで itembatch ディレクトリ以下がzipファイルになります。 aws lambda create-function コマンドでLambda関数をデプロイします。前節で紹介したVPN、2つのサブネット1つのセキュリティグループを選択しています。

```
$ zip -r itembatch.zip .

$ aws lambda create-function --function-name itembatch \
--zip-file fileb://itembatch.zip --handler lambda_function.lambda_handler \
--runtime python3.8 --timeout 300 \
--vpc-config SubnetIds=subnet-0f33fa092927db759,subnet-09eedff9d5ff8f588,SecurityGroupI
ds=sg-0e26713fd8ca5222c \
--role arn:aws:iam::000000000000:role/serverless-batch-role \
--environment Variables="{ \
HOST=s-01cada7d2846429f9.server.transfer.ap-northeast-1.amazonaws.com, \
PORT=22, \
USER=transfer-test, \
RDS_HOST=serverless.cluster-cjlpyopvrvup.ap-northeast-1.rds.amazonaws.com, \
DB_USERNAME=admin, \
DB_PASSWORD=team-writing-serverless, \
DB_NAME=serverless, \
SECRET_NAME=TransferSecret, \
REGION_NAME=ap-northeast-1 \
}"
```

動作確認をしてみましょう。

```
$ aws lambda invoke --function-name itembatch --payload '{}' response.json
{
    "ExecutedVersion": "$LATEST",
    "StatusCode": 200
}
```

CloudWatch Eventsを使った定期実行

［サービス］→［CloudWatch］→［イベント］→［ルール］へ進みます。「ステップ 1: ルールを作成する」の画面で［イベントソース］の設定で［スケジュール］をONします。

次に［Cron式］をONします。毎日、日本時間の午前4時にitembatchを起動させたいので、「0 13 * * ? *」を入力します。ターゲットはLambda関数の［itembatch］を選択します。

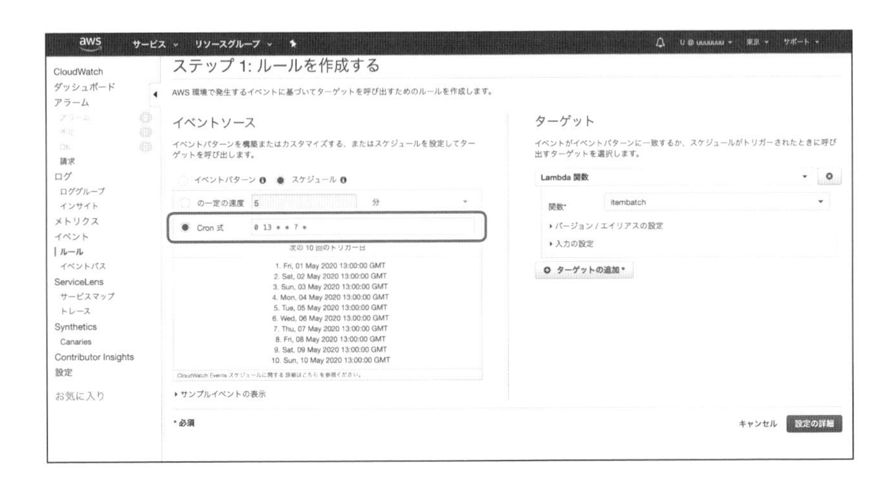

その他

検証が終了したらSFTPサーバーを停止しておきましょう。東京リージョンでは1時間あたり0.3USDの利用料金が掛かり、本章で扱うサービスの中で最も利用料金が高額となります。

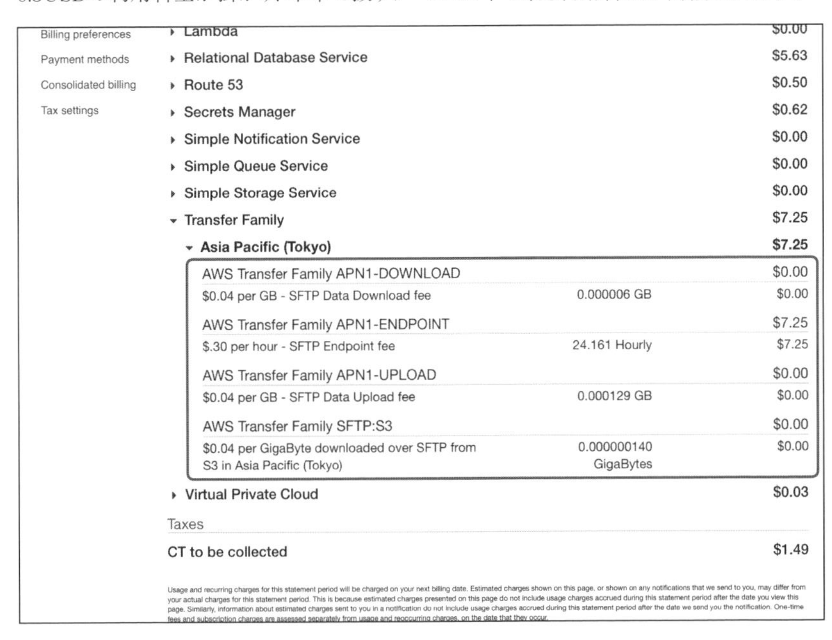

まとめ

Lambda関数は最大で15分間、一時ファイルを保存できる`/tmp`配下のストレージは512MBの制限があります。この制限内でバッチを設計しましょう。

15分以上かかる処理はタスクを細分化し、Step Functionsを利用することがあります。また、どうしても細分化できないタスクはFargateを利用することもあります。

SECTION-030

APIバックエンドにAmazon RDSを用いた事例および2019年のアップデートについて

AWS LambdaでAmazon RDSを使う際には、AWS LambdaにVPC設定を行い、AWS LambdaをVPC内で実行することになります。

この構成は、当初は、コールドスタートに時間がかかることもあって、お勧めしない構成といわれていた時期もありました。しかし、2019年にさまざまなアップデートがあり、非常に使いやすいものになりました。

ここでは、VPC Lambdaの設定についてと、2019年のアップデートについて解説します。

概要

Amazon API GatewayとAWS Lambdaを利用することで、APIをサーバーレスで構築することが可能です。データストアとしては、AWSのマネージドサービスであるAmazon DynamoDBなどを利用することができますが、エンタープライズ向けのAPIなどでは、RDBMS、つまりAmazon RDSをデータストアとして使うことが多いと思います。

その場合、AWS LambdaをVPCのサブネットにアタッチする、VPC Lambdaと呼ばれる手法で構築する必要があります。

VPC Lambdaの場合の構築例と注意点、そして最近のアップデートによる改善について、解説します。

構成図

この構成図は、過去に筆者が担当した案件で作成された環境をアレンジしたものになります。

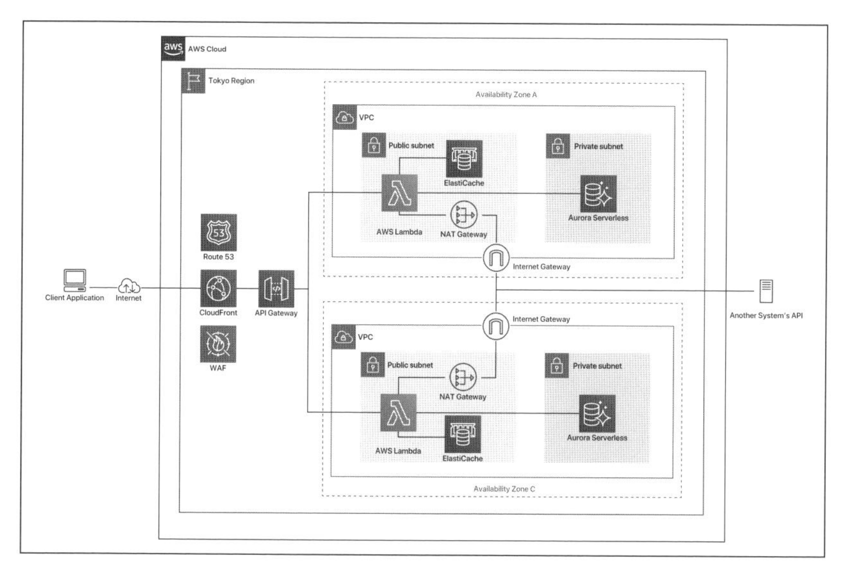

手順

AWS Lambdaの設定時に、次の項目を設定します。標準では**非VPC**になっているので、これを変更します。

ドロップダウンリストをクリックすると、アカウントに紐付くVPCの一覧が出てくるので、変更します。

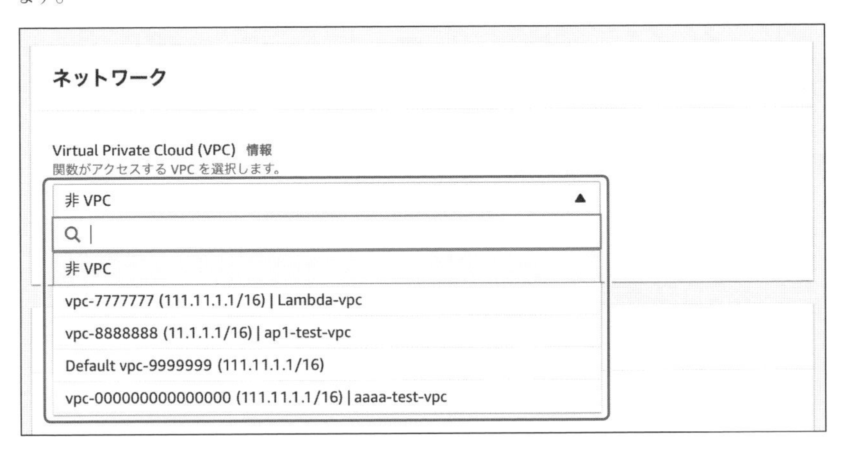

続いて、サブネットを設定します。

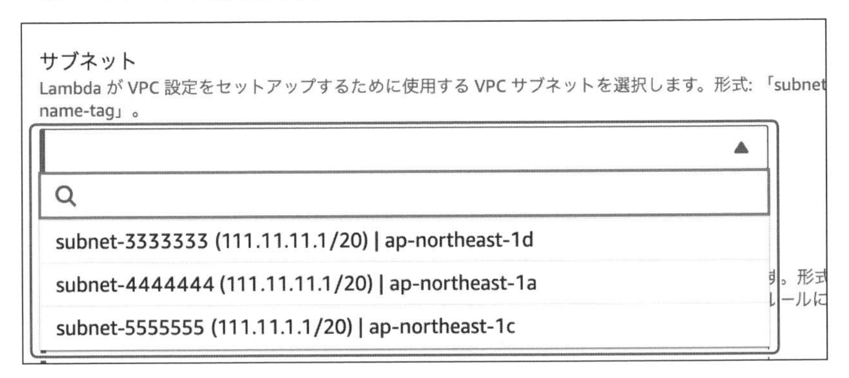

ここで指定するサブネットですが、次の点を考慮しておくといいと思います。

- 可用性を担保するために、サブネットは複数AZ用意する。
  - 東京リージョンの場合、2もしくは3AZ分を指定しておきましょう。
- AWS Lambdaに紐付くENIを確保しておくプライベートIPのレンジは広めする。
  - 後述する改善でENIが共有されるため、以前よりは利用するIPは減りますが、スケールを考えると、多めにしておきましょう。
- RDSが設定されているサブネットとは別にする。
  - Lambda関数自体を外部からのリクエストがあるサブネットにおく必要はありません。ですが、ルーティングが変わることも考慮し、RDSとは別のサブネットにしておきましょう。

最後にセキュリティグループを指定します。

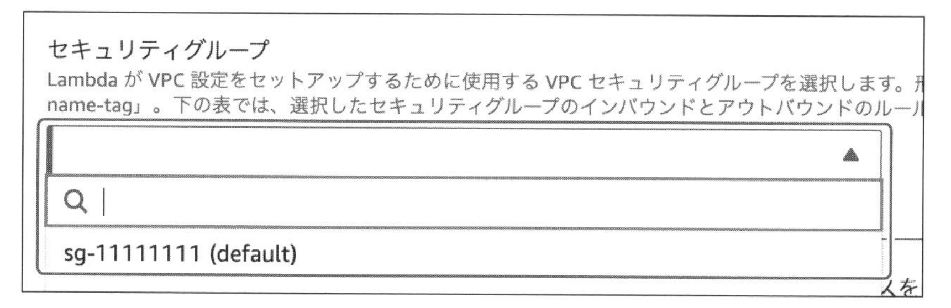

VPCを有効にすると、AWS Lambdaは、デフォルトではインターネットアクセスができなくなります。もし、外部のAPIへのリクエストなど、インターネットアクセスが必要になる場合は、セキュリティグループに外部へアウトバウンド設定を設定を行い、また、AWS Lambdaが配置されているサブネットに、NAT Gatewayが必要になるので、注意してください。

新サービス利用によるさらなる改善

RDSバックエンドで利用したVPC Lambdaでの構築した場合に、次の2つの課題がありました。

- Lambdaのコールドスタート問題
- コネクション枯渇問題

この2つがあったため、AWS LambdaとAmazon RDSを組み合わせて利用することは、アンチパターンとされ、お勧めされない構成でありましたが、2019年に、大きな3つのアップデートがあり、この点が改善されることになりました。その3つのアップデートは次のようになります。

- ENI作成タイミング変更
- Provisioned Concurrency
- RDS Proxy

▶ENI作成タイミング変更

VPC Lambdaを設定すると、AWS Lambdaに対して、ENIが紐付けられますが、この改善が行われるまでは、AWS Lambdaの実行の際、コンテナの起動が伴う場合、つまりはコールドスタート時に、ENIの紐付処理が行われていました。この際、最大で60秒かかることがあり、Amazon API Gatewayとの組み合わせで利用する場合、起動中にAmazon API Gatewayが先にタイムアウト（Amazon API Gatewayのタイムアウトは最大29秒のため）してしまうことがありました。

AWS Lambdaの登場当初から、この事象はありましたが、2019年のアップデートで、作成タイミングが、AWS Lambdaのデプロイ時に変わりました。

デプロイに時間がかかるケースはありますが（ENIはVPC Lambda設定時のセキュリティグループ単位で設定されるため、すでにある場合は、時間はかからないケースもあります）、コールドスタートの場合でも、1秒以下で起動するようになりました（AWS Lambdaのモジュールの容量にも依存するので、必ずしもこの時間で起動するわけではないので、注意が必要です）。

▶Provisioned Concurrency

AWS Lambdaは通常、実行リクエストがあった場合に起動し、しばらくの間は起動し続けますが、リクエストがない状態で一定時間が経つと停止するようになっています。

しかしながら、突発的に大量のリクエストがある場合があった場合には、多数のコールドスタートが発生したり、同時実行数オーバーで、スロットリングエラーが発生するケースもありました。

それに対応するアップデートとして、Provisioned Concurrencyという機能が追加されました。これは、関数単位に、あらかじめ指定された数のLambda関数を起動しておき、コールドスタートを極力発生させないものです（設定数以上のリクエストがあった場合には、コールドスタートが発生します）。

また、同時実行数は上限緩和可能なものですが、ベースとなる同時実行数がリージョン単位で決められており、その数まではバーストしますが、それ以上の数になるには、5分おきに250ずつ増えていくようになっています。ただし、Provisioned Concurrencyで1500と設定した場合には、1500個のAWS Lambdaが起動した状態になるので、たとえば、リリース開始当初などに、同時に多数のリクエストが見込まれる場合には、Provisioned Concurrencyを適切に設定することで、スロットリングによるエラーを極力抑えることができます。

注意点は、Provisioned Concurrencyとして設定できる数は、アカウントの同時実行数から100を引いた数（たとえば、同時実行数が1000の場合は、最大900）になるので、ギリギリまで設定してしまうと、他のAWS Lambdaがあった場合、そちらでスロットリングエラーが起こる可能性が否めないので、負荷試験などを実施し、適切な数値を設定しましょう。

また、この設定を行うと、その関数はAWS Lambdaの無料利用枠外になります。

▶ RDS Proxy

AWS LambdaとAmazon RDSを組み合わせた場合、AWS Lambdaが多数、実行された場合に、Amazon RDSのコネクションを使い切ってしまい、接続できなくなる問題がありました。

これに対応するアップデートとして、RDS Proxyという機能が追加されました。

Amazon RDS側に、接続先のAmazon RDSのエンドポイントや接続情報を登録したProxyを用意し、AWS Lambda側からは、Proxyの紐付ることで、コードの修正などを行わなくても、不要セッション管理などをProxyに委ねることができるものです。

なお、Amazon RDS側の機能のため、EC2上のアプリケーションでも利用することが可能になっています。

まとめ

VPC Lambda自体は、データベースをAmazon RDSにするなど、VPC内のみで利用するリソースをAWS Lambdaから利用する際には、必要な機能でした。

しかしながら、コールドスタート問題があり、Amazon DynamoDBを使って非同期的に使うなどの回避策はあったものの、そのままでは、使いにくい点があったのは事実です。

2019年にあったアップデートにより、もはやアンチパターンではないといえるほど、使いやすくなりました。

今後、エンタープライズ用途でのAWS Lambda利用がさらに増えていくのではないでしょうか。

また、VPC内へのリソースを利用するケースのみならず、たとえば、AWS Lambdaから外部APIを利用したい、かつ、そのAPIがIPアドレスで接続元を管理している場合、外部接続する際には、NAT Gatewayが必要になるという仕様を利用して、呼び出し先のAPI側には、利用するNAT GatewayのElastic IPを設定してもらい、VPC LambdaからAPIを呼び出すという用途にも積極的に利用できるようになったと思います。

SECTION-031

サーバーレスで作る在宅勤務中の勤務時間登録システム

AWSでは、クラウドの利点を生かして、IoT(Internet of Things)向けのサービスをいくつか出してきています。IoTとなると、最初は**モノ**の数が少ない状態で、スタートしたとしても、**モノ**の数がどんどん増えていく可能性があり、データを受け付ける側のサービスもスケールする必要があります。

そのため、クラウドかつサーバーレスでの構築が向いている事案になります。

事例としては、多くのデバイスからデータを受け付けて、保存したり、解析したりという事例もありますが、ここでは、その中から、IoTの向けのサービスを利用したサーバーレスな通知および登録システムの構築事例を紹介します。

IoT Buttonとは

2015年、Amazonから**Dash Button**という製品が登場しました。これは、ボタンを押せば、そのボタンに紐付いた商品が自宅に届くというものでした。しかし、ボタンの用途は決められており、自由にアクションを紐付ることはできませんでした。

そして、2017年のre:Inventで、独自の機能を割り当てることのできる**AWS IoTエンタープライズボタン**がで発表されました。

URL https://www.amazon.co.jp/dp/B075FPHHGG/

このボタンと、AWS IoT 1-Clickを紐付け、ボタンアクションをトリガーにAWS IoT 1-ClickからAWSのサービスを呼び出すことができるようになりました。

また、国内では、IoT向けの通信サービスを提供するソラコムから、同種の**SORACOM LTE-M Button powered by AWS**というボタンが発売されています。

URL https://soracom.jp/products/gadgets/aws_button/

これらのボタンとAWSのサービスを組み合わせることで、安価な通知サービスを作ったり、ボタンをトリガーとしたアクションを行うサービスを作ることが可能です。

たとえば、弊社のあるオフィスでは、このボタンを呼び出しボタンとして利用しています。

概要

執筆時(2020年4月)では、新型コロナウィルスの感染拡大が続いている状態で、筆者が所属する企業でもリモートワークが推奨されている状況にあり、筆者もリモートワークをしておりました。

そこで、問題になったのが、勤務時間の管理です。あとで報告する必要があったので、最初は、Slackに書いていましたが、毎日となるとそれを記載、またあとで集計するのも面倒に思いました。

そこで、手元にあったボタンを押したら、Slackへの通知(対外向け)とGoogleスプレッドシートに時刻を追加するというシステムを作りました。なお、Googleスプレッドシートに登録するため、Google Apps Script(以降、GAS)を利用しています。

構成図

このシステムの構成図は次の通りです。

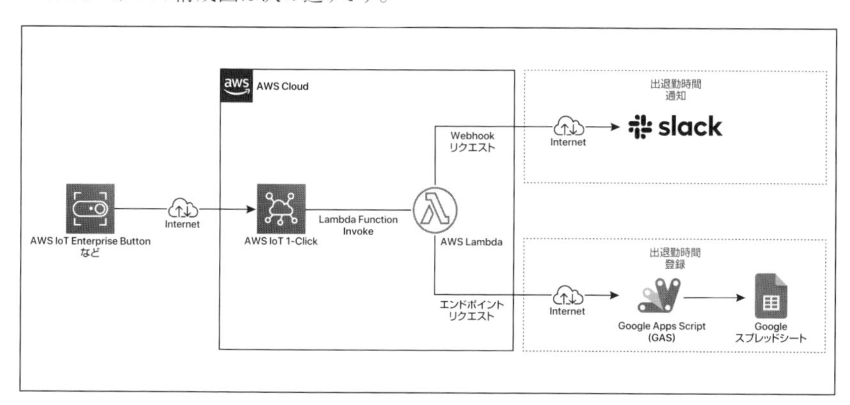

以降で手順を説明しますが、前提としては、上記で案内したトリガーとなるデバイスは保有しているものとします。

処理(AWS Lambda)の作成

Lambda関数を用意します。なお、AWS Lambdaの関数作成方法については、本節では詳しくは記載しません。

Lambda関数(Node.js v12で動作確認済み)の例を下記に示します。

```
'use strict';
const moment = require('moment-timezone');
const AWSXRay = require('aws-xray-sdk')
const AWS = AWSXRay.captureAWS(require('aws-sdk'));
AWS.config.update({ region: 'ap-northeast-1' });
const kms = new AWS.KMS();
AWSXRay.captureHTTPsGlobal(require('https'))
AWSXRay.capturePromise();
```

```
const axios = require('axios');

let decryptedSlackWebHookUrl;
let decryptedGasEndpointUrl;

const clickTypeActionName = {
  'DOUBLE': '出勤',
  'LONG':'退勤'
}
const clickTypeMessage = {
  'DOUBLE': '今日も頑張りましょう！',
  'LONG':'お疲れ様でした。'
}

/**
 * 環境変数復号化
 * @param {*} decryptedEnvKey
 */
async function decryptedEnv(decryptedEnvKey) {
  const data = await kms
    .decrypt({
      CiphertextBlob: Buffer.from(process.env[decryptedEnvKey], 'base64'),
    })
    .promise();
  return String(data.Plaintext);
}

/**
 * データ取得
 * @param {*} event
 */
async function getData(event) {
  let clickType;
  if (event.deviceEvent) {
    clickType = event.deviceEvent.buttonClicked.clickType
  } else {
    clickType = event.clickType;
  }
  const actionName = clickTypeActionName[`${clickType}`];
  const actionMessage = clickTypeMessage[`${clickType}`];
  const date = moment().tz("Asia/Tokyo").format('YYYY/MM/DD HH:mm:ss');
  return {
    clickType,
    actionName,
    actionMessage,
    date
  };
```

```
}

/**
 * Slack POST
 * @param  {[type]} data [description]
 * @return {[type]}      [description]
 */
async function postSlackMessage(data) {

  console.log('slack Call.' + JSON.stringify(data));

  let messageArray = [];
  messageArray.push(`${data.actionName}時刻: ${data.date}`);
  messageArray.push(data.actionMessage);

  const message = messageArray.join('\n');
  // リクエスト設定
  const payload = {
    text : message
  };
  // メッセージ送信
  try {
    const res = await axios.post(decryptedSlackWebHookUrl, JSON.stringify(payload));
    if (res.data === 'ok') {
      return true;
    } else {
      return false;
    }
  } catch (error) {
    console.log('Slack Post Error: ' + error);
    return false;
  }
};

async function postGas(data) {
  console.log('GAS API Endpoint Request.' + JSON.stringify(data));
  // リクエスト設定
  const payload = {
    date : data.date,
    clickType : data.clickType
  };
  // メッセージ送信
  try {
    const res = await axios.post(decryptedGasEndpointUrl, JSON.stringify(payload));
    if (res.status === 200 && res.statusText === 'OK') {
      return true;
    } else {
```

```
      return false;
    }
  } catch (error) {
    console.log('GAS Post Error: ' + error);
    return false;
  }
}

module.exports.index =  async(event, context)  => {
  console.log(JSON.stringify(event, 2));
  console.log(JSON.stringify(context, 2));

  decryptedSlackWebHookUrl = await decryptedEnv('SLACK_WEBHOOK_URL');
  decryptedGasEndpointUrl = await decryptedEnv('GAS_ENDPOINT_URL');

  const data = await getData(event);

  if (data.clickType === 'SINGLE') {
    return {
      statusCode: 400,
      body: JSON.stringify(
        {
          message: 'SINGLE Click is No Action!',
          input: data,
        },
        null,
        2
      ),
    };
  } else {
    const isPostSlack = await postSlackMessage(data);
    const isPostGas = await postGas(data);
    if (isPostSlack && isPostGas) {
      return {
        statusCode: 200,
        body: JSON.stringify(
          {
            message: 'Slack Post Message Successful!',
            input: data,
          },
          null,
          2
        ),
      };
    } else {
      return {
        statusCode: 500,
```

```
        body: JSON.stringify(
          {
            message: 'Action Failed!',
            input: data,
          },
          null,
          2
        ),
      };
    }
  }

};
```

AWS Lambdaのソースコードについて、一部、解説します。

ボタンにはシングルクリック(SINGLE)、ダブルクリック(DOUBLE)、長押し(LONG)の3つのアクションがありますが、今回のケースでは、押しやすいシングルクリックには、特に処理は割り当てていません。

下記で、ダブルクリックの場合には出勤を記録、長押しの場合には退勤を記録するようにしています。また、ただ通知するだけでは、と思い、メッセージも入れています。

```
const clickTypeActionName = {
  'DOUBLE': '出勤',
  'LONG':'退勤'
}
const clickTypeMessage = {
  'DOUBLE': '今日も頑張りましょう！',
  'LONG':'お疲れ様でした。'
}
```

下記はAmazon KMSで暗号化した環境変数を復号化するロジックになります。今回の事例では、SlackのURLとGASのエンドポイントのURLを暗号化して、AWS Lambdaの環境変数に登録しています。暗号化の仕方については、後述しているので、そちらをご覧ください。

```
async function decryptedEnv(decryptedEnvKey) {
  const data = await kms
    .decrypt({
      CiphertextBlob: Buffer.from(process.env[decryptedEnvKey], 'base64'),
    })
    .promise();
  return String(data.Plaintext);
}
```

なお、暗号化せず使うこともできますが、その場合は、11行目、12行目を下記の記述に変更します。

```
const decryptedSlackWebHookUrl = process.env['SLACK_WEBHOOK_URL'];
const decryptedGasEndpointUrl = process.env['GAS_ENDPOINT_URL'];
```

また、115行目、116行目の下記の記述と、前述したfunctionを削除してください。

```
decryptedSlackWebHookUrl = await decryptedEnv('SLACK_WEBHOOK_URL');
decryptedGasEndpointUrl = await decryptedEnv('GAS_ENDPOINT_URL');
```

下記では、SlackのWebhook URLのパラメータを作成しています。時刻と、ボタンのクリックに対応するアクションとメッセージを含んだ文字列を生成し、Slackへの通知を行っています。

Slackへメッセージ通知する場合、途中に改行コード（ `¥n` ）を入れることで、複数行のメッセージを送信することが可能です。

```
let messageArray = [];
messageArray.push(`${data.actionName}時刻: ${data.date}`);
messageArray.push(data.actionMessage);

const message = messageArray.join('\n');
// リクエスト設定
const payload = {
  text : message
};
// メッセージ送信
try {
  const res = await axios.post(decryptedSlackWebHookUrl, JSON.stringify(payload));
  if (res.data === 'ok') {
    return true;
  } else {
    return false;
  }
} catch (error) {
  console.log('Slack Post Error: ' + error);
  return false;
}
```

下記はGASのエンドポイントを呼び出す箇所です。登録などの処理はGAS側で実施するため、必要な情報を渡すのみになっています。

```
// リクエスト設定
const payload = {
  date : data.date,
  clickType : data.clickType
};
```

▼

```
// メッセージ送信
try {
  const res = await axios.post(decryptedGasEndpointUrl, JSON.stringify(payload));
  if (res.status === 200 && res.statusText === 'OK') {
    return true;
  } else {
    return false;
  }
} catch (error) {
  console.log('GAS Post Error: ' + error);
  return false;
}
```


環境変数暗号化

今回、AWS Lambdaの環境変数の暗号化にAWS Key Management Serviceを使いました。簡単ではありますが、手順を紹介します。

AWS Key Management Serviceの管理コンソールを開いて、左側のメニューの[カスタマー管理型のキー]をクリックします。

[キーの作成]ボタンをクリックします。

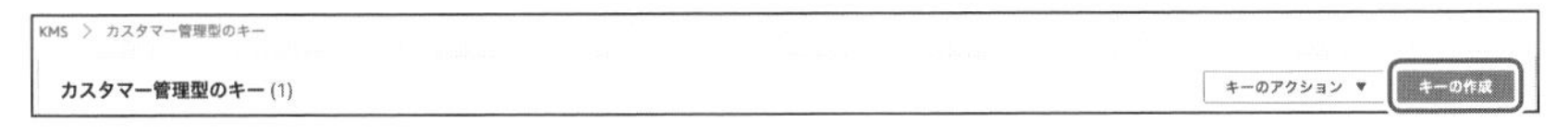

キーの設定画面は、初期値のままで問題ありません。そのまま[次へ]ボタンをクリックします。

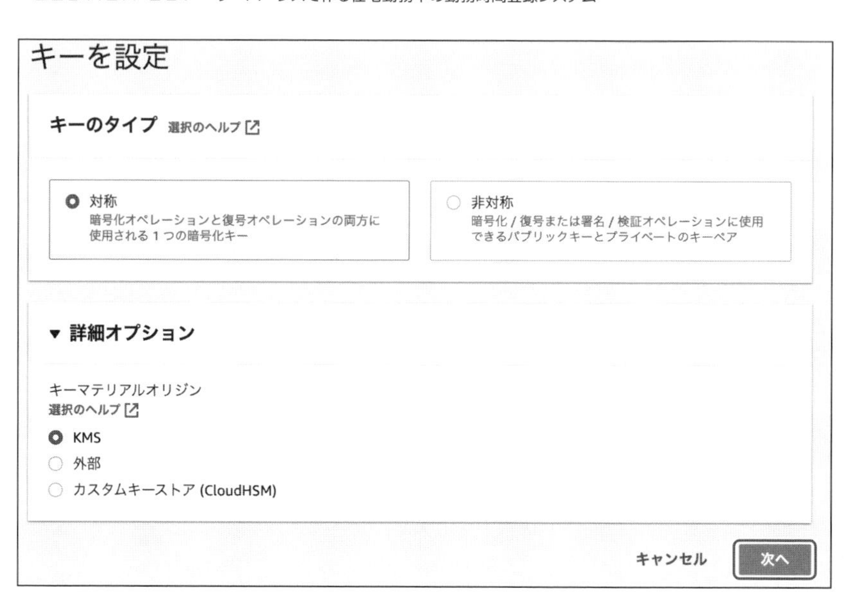

［エイリアス］にキーを識別する値を入力して、［次へ］ボタンをクリックします。タグは任意です。

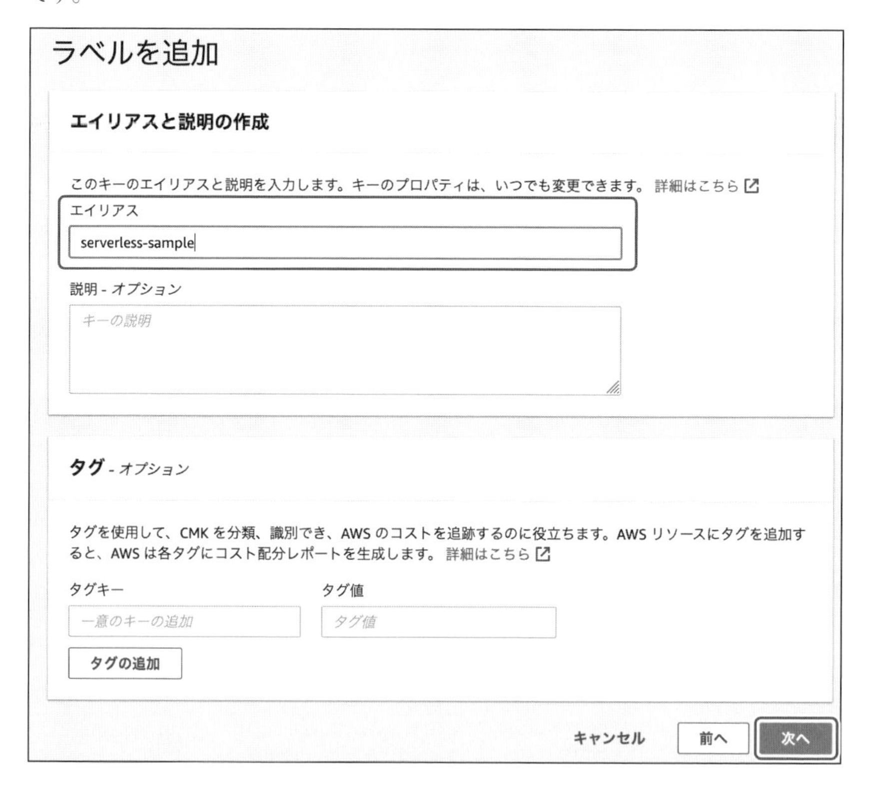

キー管理者となるIAMユーザーもしくはロールを設定します。ログインしてるIAMユーザーを指定しておくとよいでしょう。設定したら、次に進みます。

キーの管理アクセス許可を定義

キー管理者

KMS API を使用してこのキーを管理できる IAM ユーザーとロールを選択します。ユーザーまたはロールがこのコンソールからキーを管理するには、追加のアクセス許可が必要となる可能性があります。詳細はこちら

〈 1 2 3 4 〉

名前	パス	タイプ
aaaaaaaaa	/	User

使用許可を定義しますが、利用するIAMユーザーとロールを設定します。今回のAWS Lambdaで使うロールにチェックを入れてください。

キーの使用アクセス許可を定義

このアカウント

暗号化オペレーションで CMK を使用できる IAM ユーザーとロールを選択します。 詳細はこちら

〈 1 2 3 4 〉

名前	パス	タイプ
aaaaaaaaa	/	User

確認・編集画面が出ましたら、確認の上、[完了]ボタンをクリックします。

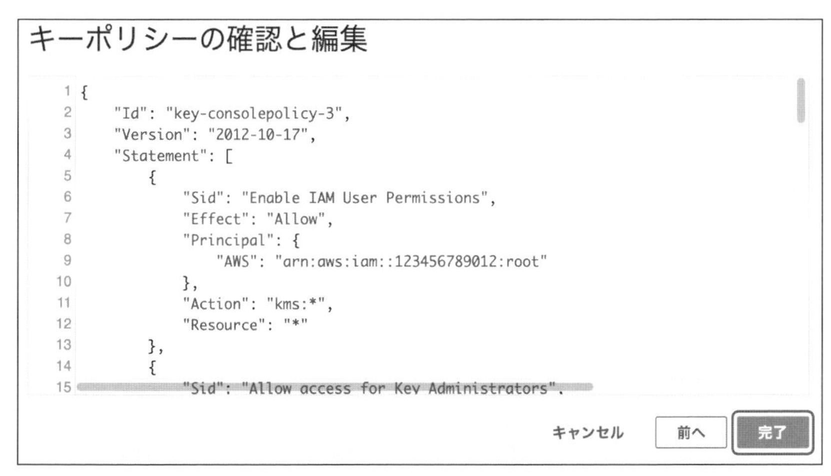

最後にAWS Lambda側の暗号化の方法ですが、環境変数の設定画面で、キーと値を設定します。

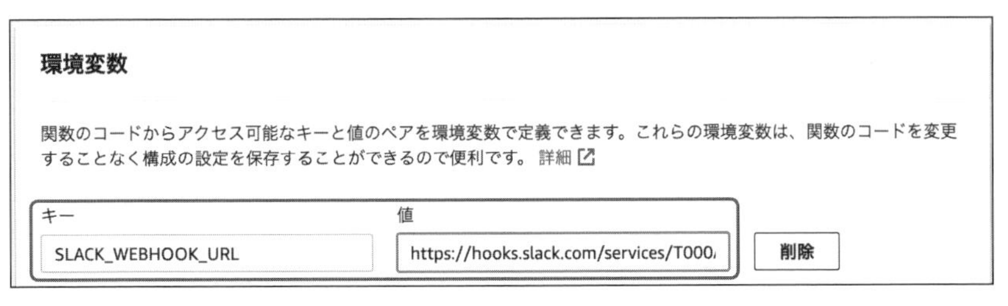

下部の[暗号化の設定]で[カスタマーマスターキーの使用]をONにします。

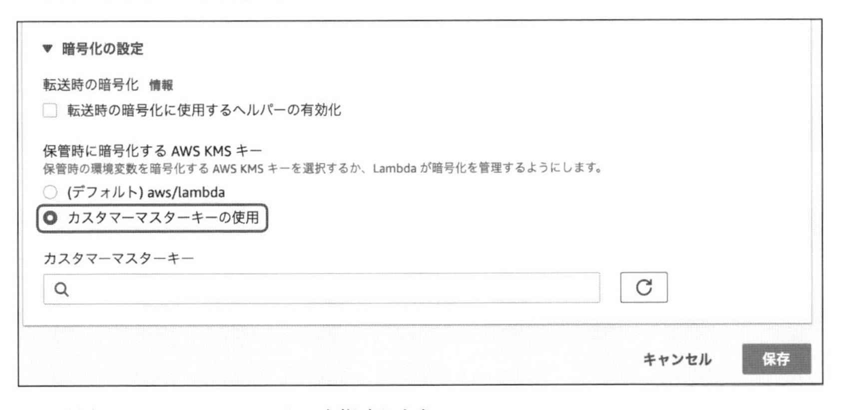

利用するカスタマーマスターキーを指定します。

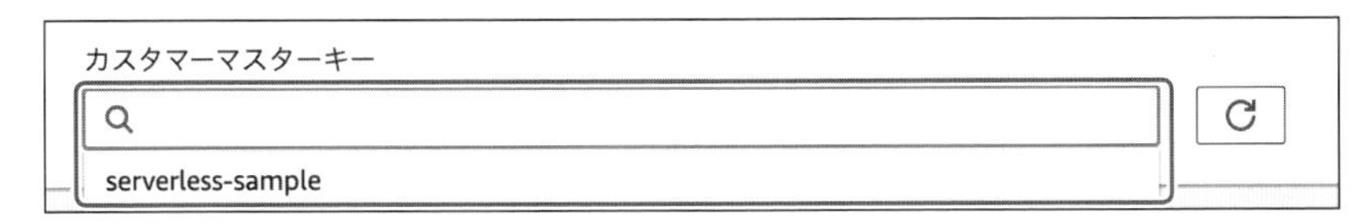

指定したら、[保存]ボタンをクリックしてください。

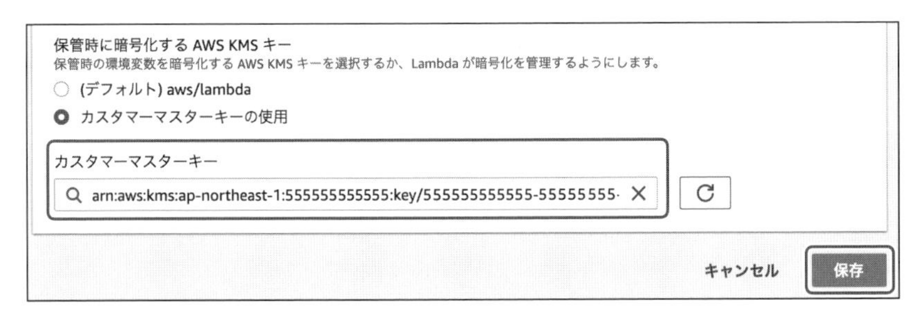

あと、AWS Lambda実行ロール側に、復号化用の権限（KMS:Decrypt）を付与しておきましょう。

```
        {
            "Action": [
                "KMS:Decrypt"
            ],
            "Resource": "arn:aws:kms:ap-northeast-1:123456789012:key/aaaaaaa-1234-abcd-1234-123456789012",
            "Effect": "Allow"
        },
```

▶Slackの準備

今回は、前述した通り、SlackのWebhook URLを使います。なお、SlackのAPIを使うことも可能です。そちらの解説は行いませんが、もし、興味があれば、チャレンジしてみてください。

通知を行うSlackのチャンネルに対して、Incoming WebHooks integrationの設定を行います。

SlackのApp Directoryに移動します。

Appの検索フィールドに、「Incoming WebHooks」と入力すると、選択肢として表示されるので、そちらを選択します。

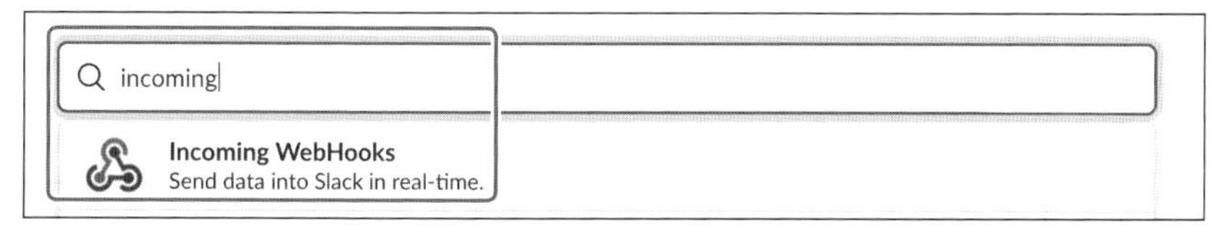

設定画面で、[Add to Slack]ボタンをクリックします。

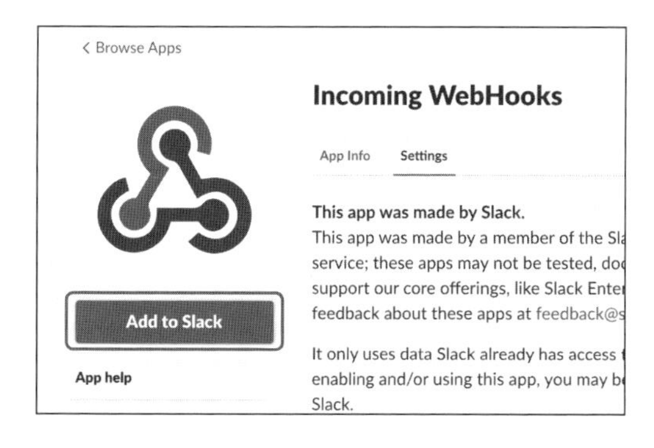

次の画面で追加するSlackのチャンネルを選択します。

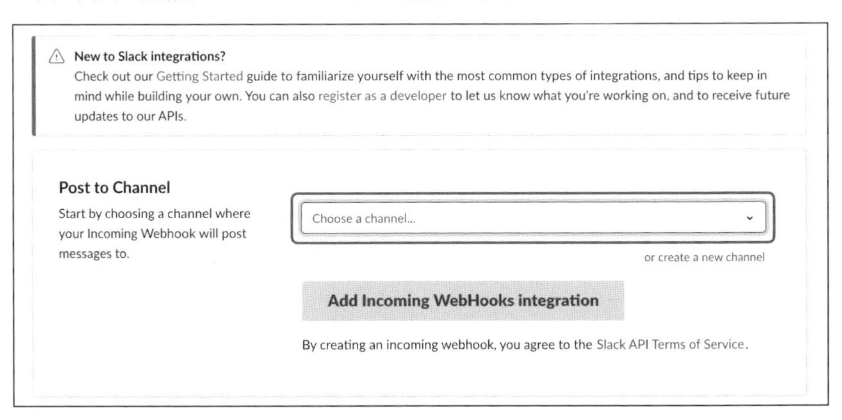

設定画面で、Webhook用のURLが表示されるので、それをAWS Lambdaの環境変数「SLACK_WEBHOOK_URL」に設定します。

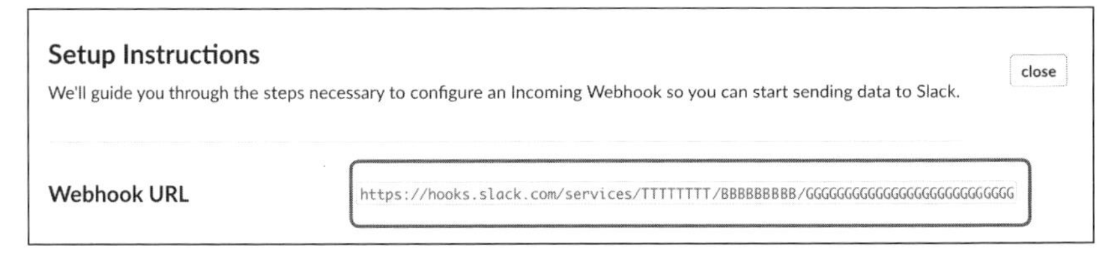

表示名([Customise Name])、通知時のアイコン([Customise Icon])を適宜、変更して、[Save Settings]ボタンをクリックして設定完了です。

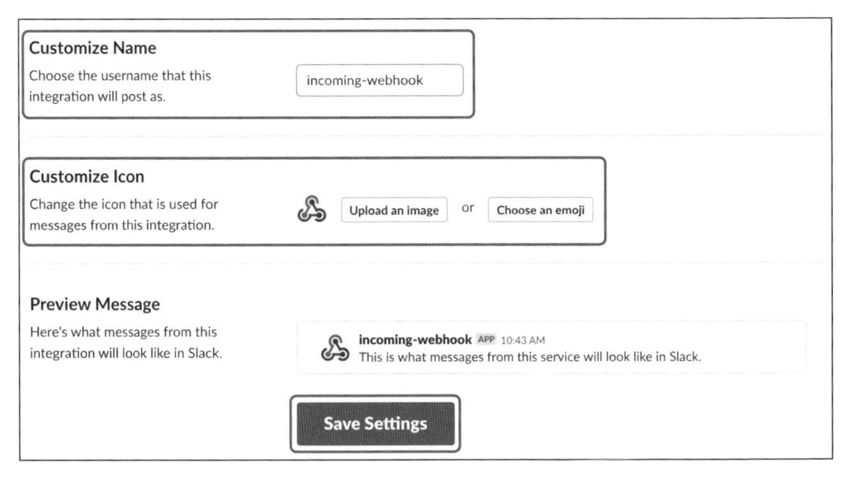

▶ GASの登録およびAPIエンドポイント公開方法

Googleスプレッドシートに勤務時間を登録するためのGASのコードを記載します。コードは次のようなの流れになっています。

1. 日付から年月を取得し、シートを取得(シートがない場合は新規作成)する
2. 出勤の場合は該当日の登録済みデータがあるか検索して、存在した場合は時刻を上書き、なかった場合はそのまま日付と時刻を登録する
3. 退勤の場合は該当日の出勤データがあるか検索して、存在した場合は退勤時刻を登録、なかった場合はそのまま日付と退勤時刻を登録する

```
/**
 * POSTされた時に実行されるメソッド.
 * 該当年月のシートに、clickType
 * @param e 下記のJSONを想定
 *   clickType: DOUBLE/LONG
 *   date: 日付(yyyy/MM/dd HH:mm:ss形式(AWS Lambda側でセット))
 * @return 文字列OK
 */
function doPost(e) {
  var postData = JSON.parse(e.postData.contents);
  var dateObj = new Date(postData.date)
  var dateYm = Utilities.formatDate(dateObj,"Asia/Tokyo", "yyyyMM");
  var dateMd = Utilities.formatDate(dateObj, "Asia/Tokyo", "MM/dd");
  var time = Utilities.formatDate(dateObj, "Asia/Tokyo", "HH:mm:ss");

  // 該当年月のシート探す
  var sheet = getSheet(dateYm);
  var col = "A"

  var row = getRow(dateMd, col, sheet);
   if (postData.clickType === 'DOUBLE') {
    // 同日の出勤データを探す
    if (row == 0) {
      // 出勤してなかったら行追加
      sheet.appendRow([dateMd,time,""]);
    } else {
      // すでに、出勤済みだったら上書き
      var addRow = sheet.getRange(row, 2);
      addRow.setValue(time);
    }
  } else {
    // 同日の退勤データを探す
    if (row == 0) {
      // 出勤してなかったら行追加
      sheet.appendRow([dateMd,"", time]);
    } else {
```

▼

```
        // 出勤してたら、退勤時刻をセット
        var addRow = sheet.getRange(row, 3);
        addRow.setValue(time);
      }
    }
    return "OK"
  }

/**
 * key(日付)が存在する行数を取得
 * @param
 *    key: 検索文字列
 *    col: 列(A)
 *    sheet: シートオブジェクト
 * @return row 行数(なければ0)
 */
function getRow(key, col, sheet){
 var array = getSheetData(sheet, col);
 var row = array.indexOf(key) + 1;
 return row;
}

/**
 * シートにあるデータを取得(配列)
 * @param
 *    sheet: シートオブジェクト
 *    col: 列(A)
 * @return array シート内のデータ
 */
function getSheetData(sheet, col) {
  var lastRow = sheet.getLastRow();
  var range = sheet.getRange(col + "1:" + col + lastRow)
  var values = range.getValues();
  var array = [];

  for(var i = 0; i < values.length; i++){
    array.push(Utilities.formatDate(new Date(values[i][0]), "Asia/Tokyo", "MM/dd"));
  }
  return array;
}

/**
 * シートにあるデータを取得(配列)
 * シートがない場合は、作成して返却
 * @param
 *    sheet: シート名
 * @return sheet シートオブジェクト
```

```
 */
function getSheet(name){
  // 同じ名前のシートがなければ作成
  var sheet = SpreadsheetApp.getActiveSpreadsheet().getSheetByName(name);

  if(sheet) {
    // シートが存在する場合はそのまま返却
    return sheet
  }

  // シートがない場合は再作成
  var sheet = SpreadsheetApp.getActiveSpreadsheet().insertSheet(name);
  // ヘッダー行追加
  sheet.appendRow(["日付","開始時刻","終了時刻"]);
  return sheet;
}
```

利用するスプレッドシートを作成します。スプレッドシートの作成後、メニューから[ツール]→[スクリプトエディタ]を選択します。

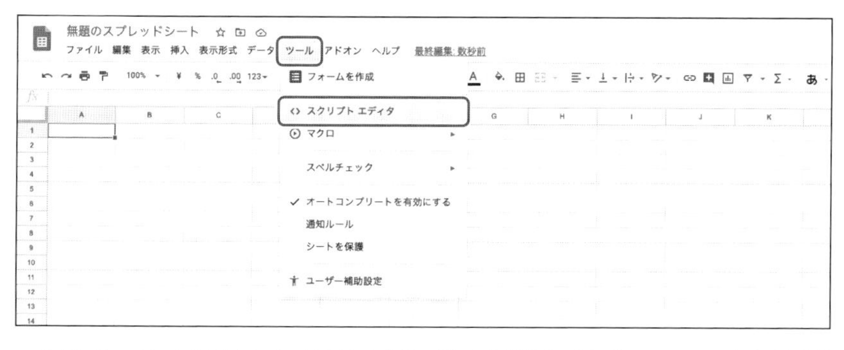

スクリプトエディタが開くので、最初からあるロジックを削除して上記のソースの内容を記載して保存します。

保存したら、メニューから[公開]→[ウェブアプリケーションとして導入]を選択します。

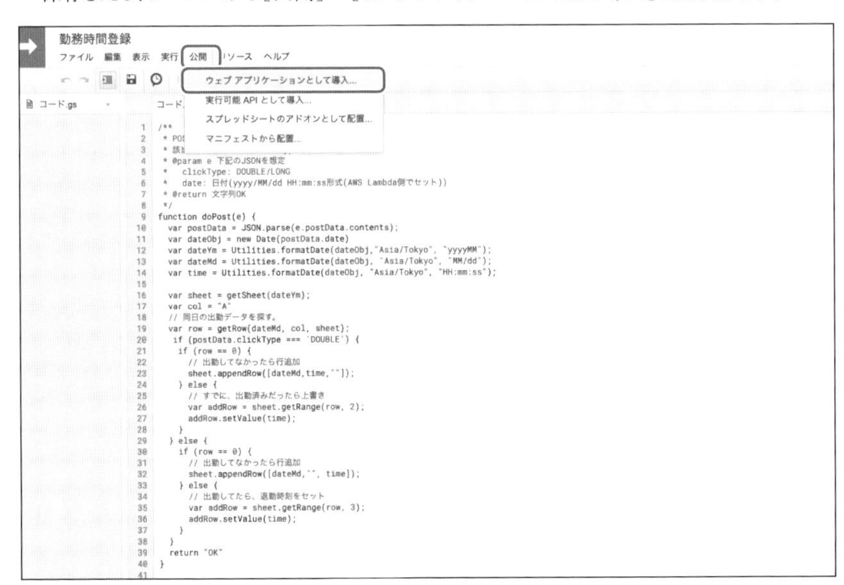

プロジェクト名を入力するダイアログが表示されるので、プロジェクト名を入力し、[OK]ボタンをクリックします。

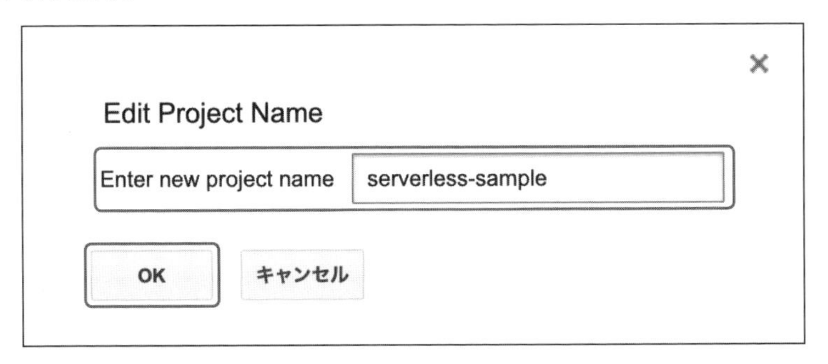

プロジェクトの設定を行うダイアログが表示されます。[Project version]は新規作成の場合は、[New]のままで問題ありません。なお、修正の場合は、最新のバージョンの番号が表示されているので、それから[New]に変更してください。そうしないと、変更が反省されません。

[Execute the app as]の部分は自分自身のGoogleのアカウントになっているので、そのままで大丈夫です。

[Who has access to the app]は[Anyone, even,anonymous]に変更します。変更したら、[Deploy]ボタンをクリックします。

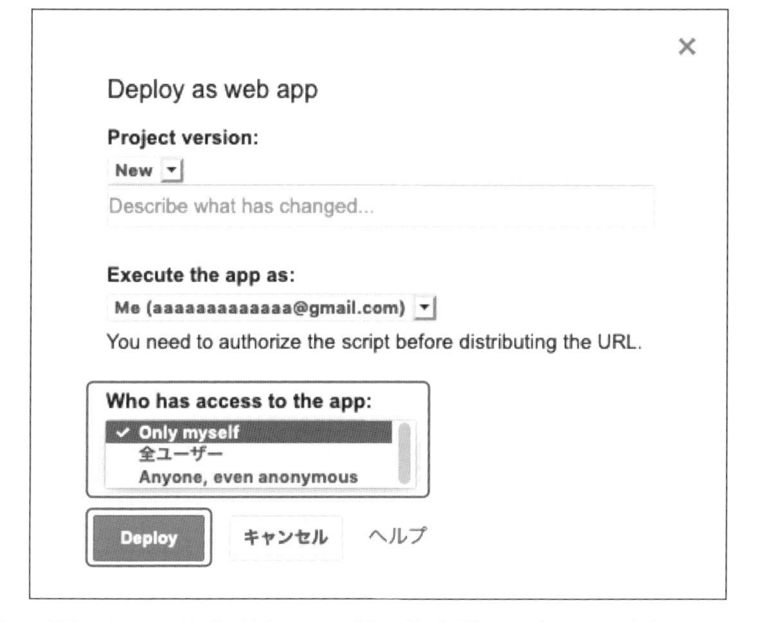

次に下記のダイアログが表示されるので、[許可を確認]ボタンをクリックします。

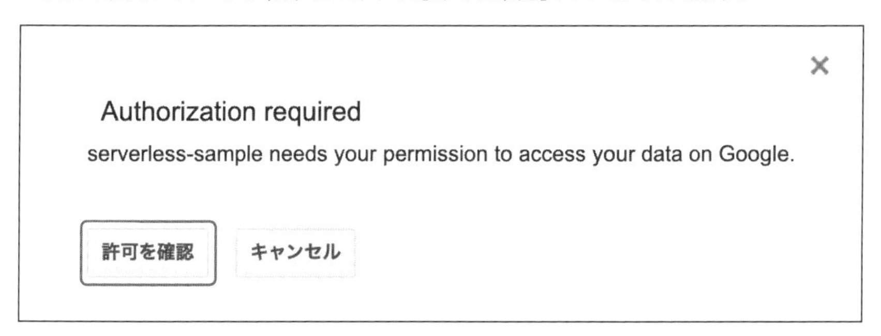

アカウントの選択ダイアログが表示されるので、自分自身のアカウントをクリックします。

なお、次のダイアログが表示された場合は、[詳細]をクリックして、表示されたリンク(【プロジェクト名】に移動)をクリックしてください。

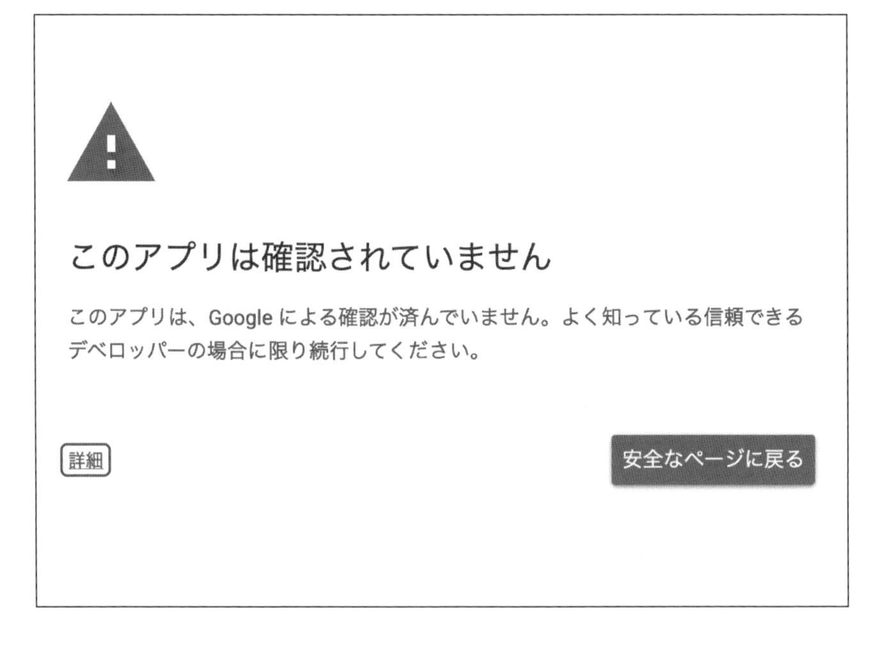

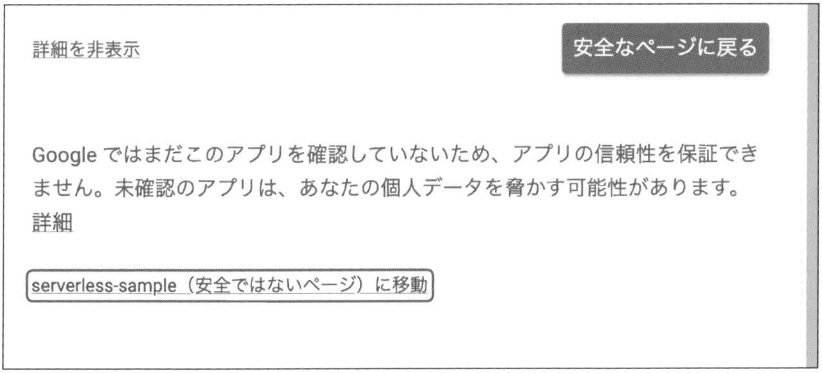

詳細を非表示　安全なページに戻る

Google ではまだこのアプリを確認していないため、アプリの信頼性を保証できません。未確認のアプリは、あなたの個人データを脅かす可能性があります。
詳細

serverless-sample（安全ではないページ）に移動

権限確認のダイアログが表示されるので、［許可］ボタンをクリックします。

serverless-sample が Google アカウントへのアクセスをリクエストしています

aaaaaaaaaaaaa@gmail.com

serverless-sample に以下を許可します:

- Google ドライブのスプレッドシートの表示、編集、作成、削除

serverless-sample を信頼できることを確認

機密情報をこのサイトやアプリと共有する場合があります。 serverless-sample の利用規約とプライバシーポリシーで、ユーザーのデータがどのように取り扱われるかをご確認ください。 アクセス権の確認、削除は、Google アカウントでいつでも行えます。

リスクの詳細

キャンセル　許可

完了のダイアログが表示されたら、[Current web app URL]に表示されているURLをコピーします。このURLをAWS Lambdaの環境変数「GAS_ENDPOINT_URL」に設定します。

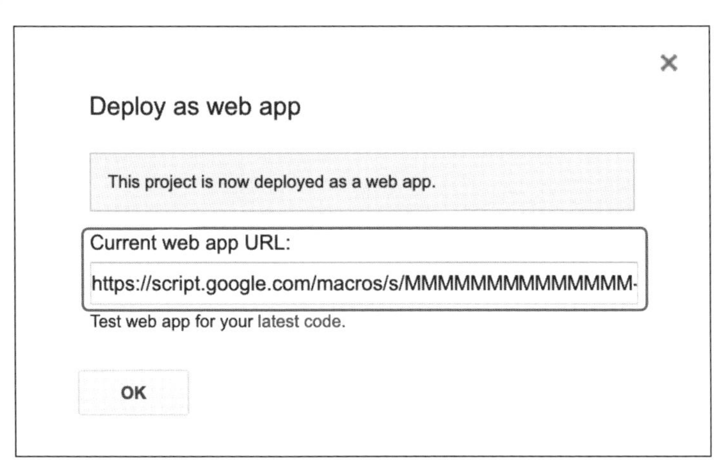

▶ デバイスの登録

続いて、デバイスの登録を行います。ここでは、AWS IoT 1-Clickでの登録方法について説明します。

デバイスがある前提のため、ここでは右側の[デバイスの登録]ボタンをクリックします。

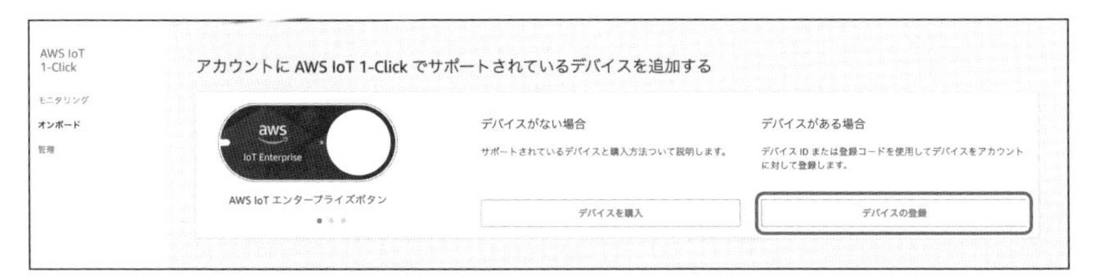

［デバイスID］を入力し、［登録］ボタンをクリックします。

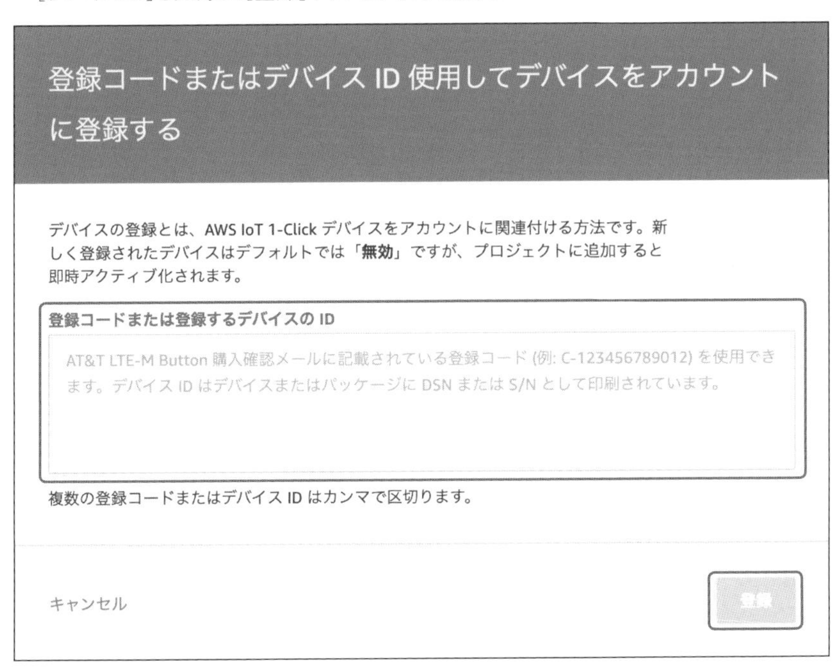

デバイスのボタンを押すように指示が出るので、押します。終わったら、［完了］ボタンをクリックします。

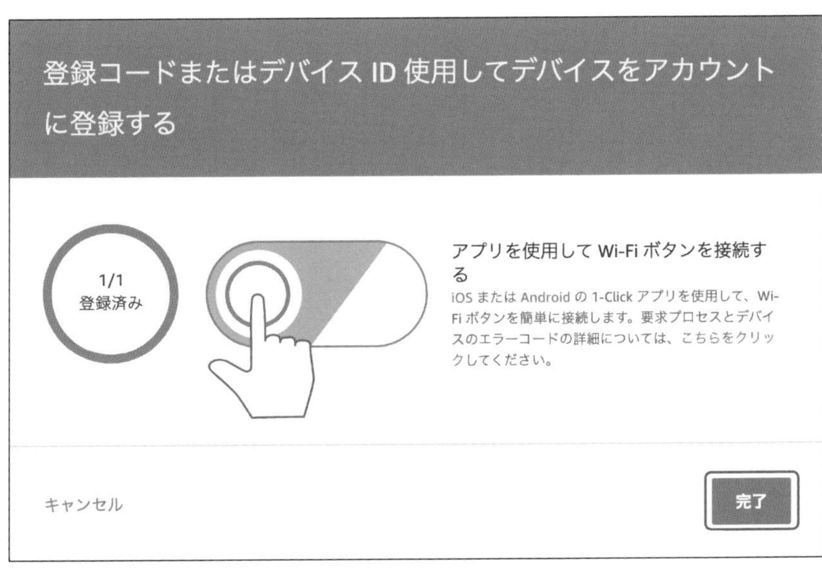

次のように表示されれば、登録は完了しています。表示されている通り、「無効」のままなので、有効化します。

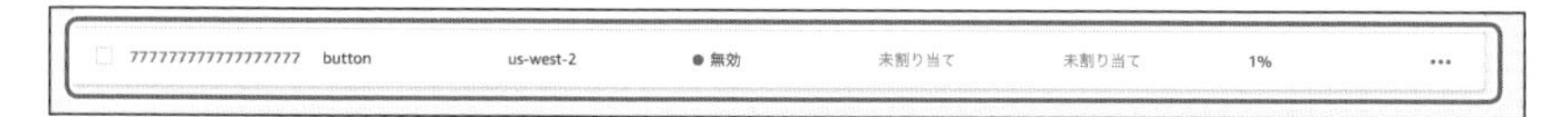

右上の［アクション］ドロップダウンボタンクリックし、［選択したデバイスの有効化］を選択して、有効にします。

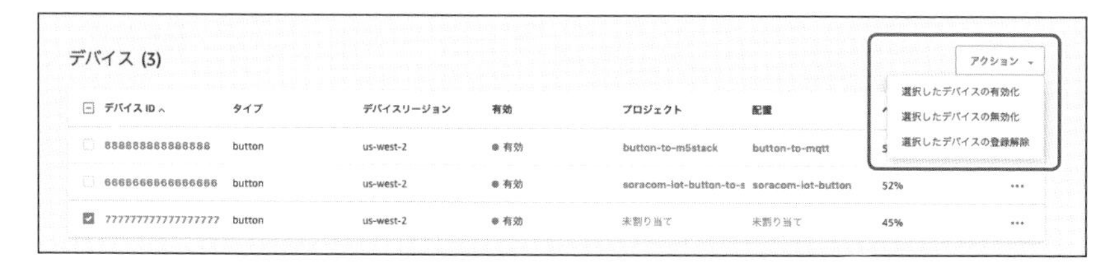

続いて、ボタンを押した際に、動作を設定するためにプロジェクトの登録を行います。

左ペインの［管理］→［プロジェクト］をクリックすると、右ペインにプロジェクトの定義画面が出てくるので、［プロジェクトの作成］ボタンをクリックします。

プロジェクト名と説明（省略可能です）を入力し、［次へ］ボタンをクリックします。

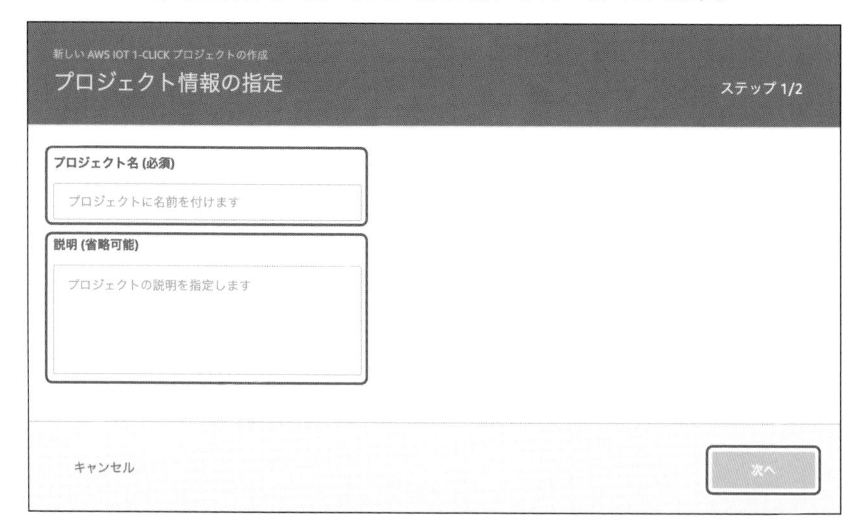

まず、デバイステンプレートを登録するので、デバイステンプレート横の[開始]をクリックします。

「すべてのボタンタイプ」をクリックします。

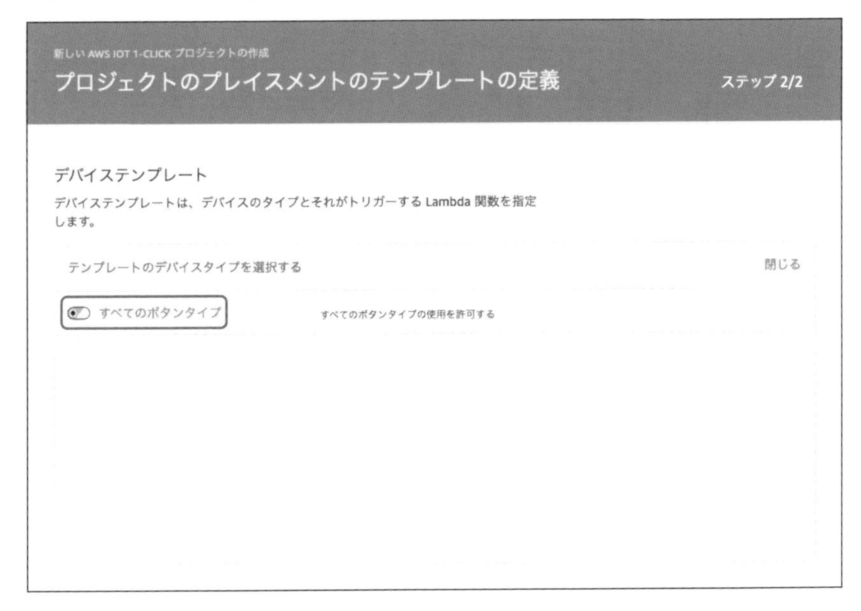

アクションを選択します。ここでは、作成したLambda関数を使うので、[Lambda関数の選択]を選びます。なお、[SMSを送信する]、[Eメールの送信]についてはLambda関数がない場合、ボタンの動作確認を行う場合に使うのがおすすめです。

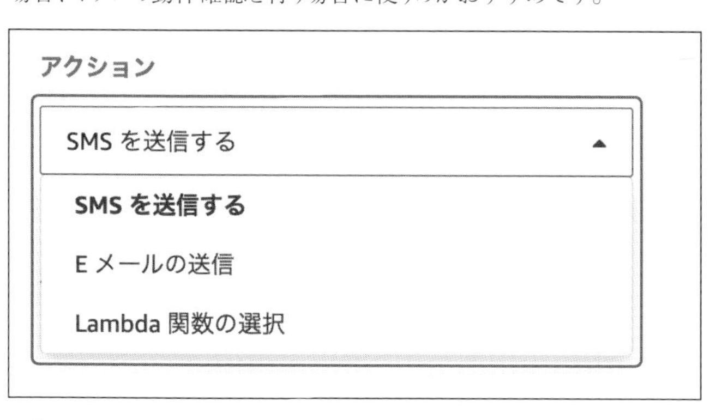

[デバイステンプレート名]にテンプレート名を入力し、[AWSリージョン]にLambda関数のあるAWSのリージョンを選択して、[Lamda関数]で動作させるLambda関数を選択します。

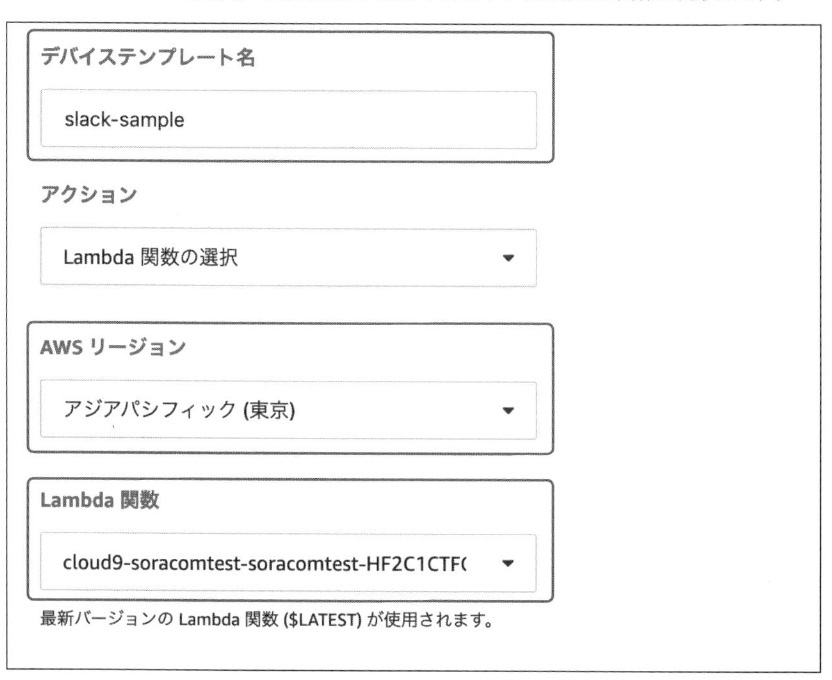

プレイスメントの属性は使わないので、そのままで大丈夫です。[プロジェクトの作成]ボタンをクリックします。

プレイスメントの属性
各プレイスメントには次の属性があります。デフォルトの値は、デバイスをプレイスメントするたびにいつでも上書きできます。
属性の名前　例: room
デフォルト値　例: 237
キャンセル　戻る　プロジェクトの作成

次の画面が出れば登録完了です。

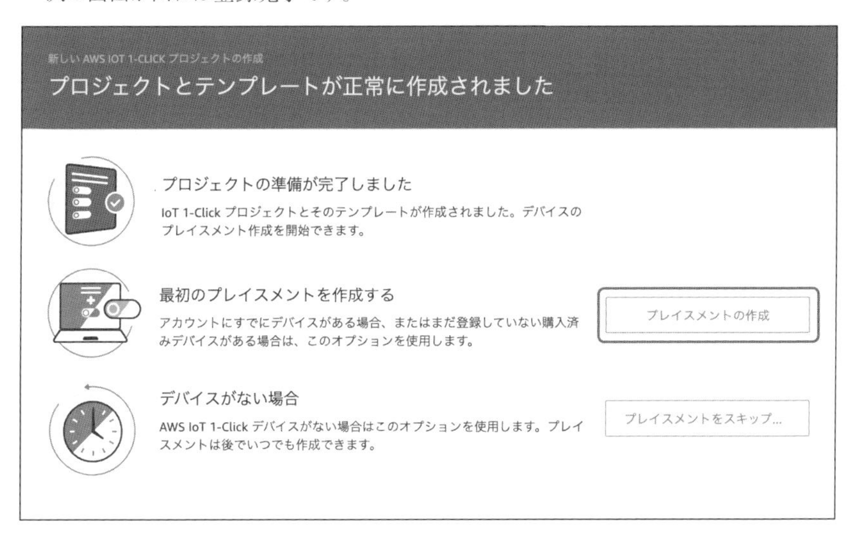

続いて、プロジェクトにボタンを紐付けます。上記の画面で[プレイスメントの作成]ボタンをクリックします。

次にプロジェクトにデバイスを紐付けます。[デバイスのプレイスメント名]を入力し、デバイスを登録するため、プロジェクトの下にある[デバイスの選択]をクリックします。

登録可能なデバイスのIDが出てくるので、[選択]をクリックします。

［プレイスメントの作成］ボタンをクリックして、完了です。

button-de-kintai プロジェクトの新しいプレイスメント

プレイスメントの作成

プレイスメントには、フィールド内の物理デバイスと属性として保存されたコンテキストデータが示されます。デバイスは、ID で選択することも、後で物理的に配置したときに選択することもできます。

デバイスのプレイスメント名

button-de-kintai

button-de-kintai

クリックで Lambda 関数を呼び出す

ボタン　222222222222222222　クリア　デバイスの入れ替え

プレイスメントの属性

各プレイスメントには次の属性があります。テンプレートによって入力されているデフォルトの値は、デバイスをプレイスメントするたびにいつでも上書きできます。

属性の名前　例: room

値　例: 237

+ 別のプレイスメントを追加

キャンセル　プレイスメントの作成

プロジェクト

slack-sample

アクション ▾

レポート
テンプレート
プレイスメント
詳細

プレイスメント (1)　プレイスメントの作成

名前	作成日	最終更新日
slack-sample-button-1	28/11/2019, 01:45:54	28/11/2019, 01:45:54

▶テスト

登録したボタンをクリックしましょう。

レポートにあるデバイスの[デバイスのアクティビティ]に値が出ていれば問題ありません。

そして、設定したメッセージが指定したSlackのチャンネルに投稿され、Googleスプレッドシートに時刻と書き込みがされればOKです。

出退勤Hock APP 9:54 AM
出勤時刻: 2020/04/08 09:54:34
今日も頑張りましょう！

出退勤Hock APP 8:17 PM
退勤時刻: 2020/04/08 20:17:25
お疲れ様でした。

日付	開始時刻	終了時刻
04/06	17:05:27	20:45:08
04/07	9:57:25	20:57:01
04/08	9:54:34	20:17:25

まとめ

IoT向けサービスとなると、たとえば多数のデバイスからのセンサーデータをAmazon Kinesisで受けて、Amazon DynamoDBやAmazon S3に保存するという使い方になりますが、このような安価で、容易に構築可能なサービスを作ることも可能です。

また、今回はSlackへの通知を行いましたが、APIを使うことで、TwitterやLINEへの通知を行うことが可能です。

SECTION-032

AWS Lambdaを Alexaのエンドポイントとして使う事例

パソコンをはじめとした、デバイスが進化するに従って、ユーザーインターフェース(UI)も進化してきました。

中でも、声をインターフェースとするVUIについては、Amazon、Google、Apple、日本のLINEが専用のインターフェースとそれに対応する専用のデバイスが発売しています。

企業などがスキルを多く公開していますが、自分自身で、VUIのバックエンドをサーバーレスなシステムで構築することが可能になっています。

ここではAmazonのVUIであるAlexaのスキルとして、TODOリストをサーバーレスなシステムで構築する実例を紹介します。

概要

Alexa Skills Kitのバックエンドとして AWS Lambdaを使った構築事例になります。Alexa Skills Kitの発話内容を登録し、その内容の表示、削除まで一通りできるシステムになっています。

構築例

今回の例では、実際のAlexaスキルの登録までは行っていません。

▶ プログラム

今回は永続化情報の保存先としてAmazon DynamoDBを利用しています。AWS Lambdaの実行ロールとして、作成もしくは利用するロールに、Amazon DynamoDBへのテーブル作成、書き込み、削除、参照ができる必要があるので、ポリシーの**AmazonDynamoDBFullAccess**を付与しておきましょう。

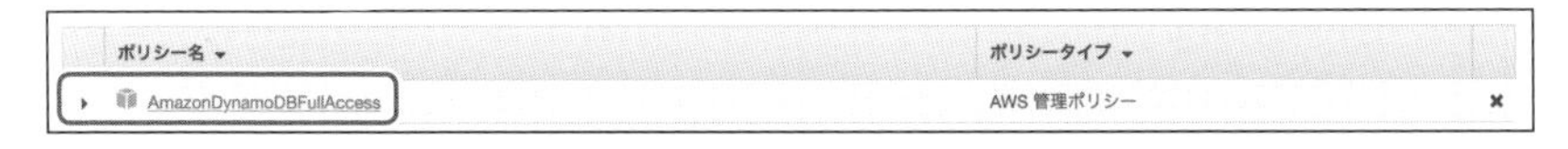

なお、Amazon DynamoDBへのテーブルの登録自体は、自動で行うので、事前に用意しておく必要はありません。利用するテーブル名をAWS Lambdaの環境変数「DYNAMO_DB_TABLE」に設定する必要があります。

今回、AlexaのSDKである**Alexa Skills Kit (ASK) SDK for Node.js**を内包しているため、AWS Lambdaのコンソールへはzipファイルに圧縮してアップロードする必要があります。

次のようなコマンド(Macの場合)でzipファイルを作成した上で、[コードエントリタイプ]で[.zipファイルをアップロード]を選択して、圧縮したファイルを選択してから、保存します。

```
zip -r upload.zip index.js node_modules/
```

関数コード 情報

コード エントリ タイプ
コードをインラインで編集
コードをインラインで編集
.zip ファイルをアップロード
Amazon S3 からのファイルのアップロード

ランタイム
Node.js 12.x

Save Test

関数コード 情報

コード エントリ タイプ
.zip ファイルをアップロード

ランタイム
Node.js 12.x

関数パッケージ
アップロード upload.zip (6.8 MB)
10 MB より大きいファイルの場合は、Amazon S3 を使用したアップロードを検討してください。

プログラムの例を示します。AWS LambdaのNode.js v12で動作を確認しています。

```
const Alexa = require('ask-sdk');
const tableName = process.env['DYNAMO_DB_TABLE'];

let skill;
const welcomeMessage = 'TODOリストへようこそ';
const helpMessage = 'これはTODOリストです。TODOリストへの登録・表示・削除ができます。';
const noDataMessage = '対象のTODOリストがありません。';
const completeMessage  = '処理が完了しました。';
const abortMessage  = '処理を中止しました。最初からやり直してください。';
const noMatchMessage  = 'よくわかりません';

/**
 * 起動処理
 */
const LaunchRequestHandler = {
  canHandle(handlerInput) {
    const requestEnvelope = handlerInput.requestEnvelope;
    return Alexa.getRequestType(requestEnvelope) === 'LaunchRequest';
  },
  handle(handlerInput) {
    console.log("Run LaunchRequestHandler:handle");
    return handlerInput.responseBuilder
      .speak(welcomeMessage)
      .reprompt(welcomeMessage)
      .getResponse();
```

```
  },
};

/**
 * ヘルプ処理
 */
const HelpHandler = {
  canHandle(handlerInput) {
    const requestEnvelope = handlerInput.requestEnvelope;
    return Alexa.getRequestType(requestEnvelope) === 'IntentRequest' &&
        Alexa.getIntentName(requestEnvelope) === 'AMAZON.HelpIntent';
  },
  handle(handlerInput) {
    console.log("Run HelpHandler:handle");
    return handlerInput.responseBuilder
      .speak(helpMessage)
      .reprompt(helpMessage)
      .getResponse();
  },
};

/**
 * 一覧表示処理
 */
const GetTodoListsHandler = {
  canHandle(handlerInput) {
    const requestEnvelope = handlerInput.requestEnvelope;
    return Alexa.getRequestType(requestEnvelope) === 'IntentRequest' &&
        Alexa.getIntentName(requestEnvelope) === 'GetTodoListsIntent';
  },
  async handle(handlerInput) {
    const todoListSlot = Alexa.getSlot(handlerInput.requestEnvelope, 'todoList');
    let message = noMatchMessage;
    if (todoListSlot.resolutions.resolutionsPerAuthority
      && todoListSlot.resolutions.resolutionsPerAuthority[0].status.code == 'ER_SUCCESS_MATCH') {
      // 永続化情報の取得
      const attributes = await handlerInput.attributesManager.getPersistentAttributes();
      let todoListArray = [];
      if (attributes.todos) {
        const todosObjects = attributes.todos
        for (let i = 0; i < todosObjects.length; i++) {
          const todolistObject = todosObjects[i];
          console.log('todolistObject[' + i+ ']:' + JSON.stringify(todolistObject, null, 2));
          todoListArray.push(todolistObject.no + '番目、' + todolistObject.comment)
        }
      }
      message = noDataMessage;
```

```
      if (todoListArray.length > 0) {
        message = todoListArray.join('\n');
      }
    }

    console.log(message);
    return handlerInput.responseBuilder
      .speak(message)
      .reprompt(message)
      .getResponse();
  },
};
/**
 * 個別情報表示処理
 */
const GetTodoListIntentHandler = {
  canHandle(handlerInput) {
    const requestEnvelope = handlerInput.requestEnvelope;
    return Alexa.getRequestType(requestEnvelope) === 'IntentRequest' &&
        Alexa.getIntentName(requestEnvelope) === 'GetTodoListIntent';
  },
  async handle(handlerInput) {
    console.log("Run GetTodoListIntentHandler:handle");
    const no = Number(Alexa.getSlotValue(handlerInput.requestEnvelope, 'TodoListNumber'));
    let message = noMatchMessage;
    if (!Number.isNaN(no)) {
      // 永続化情報の取得
      const attributes = await handlerInput.attributesManager.getPersistentAttributes();
      message = noDataMessage;
      if (attributes.todos) {
        const todosObjects = attributes.todos;
        for (let i = 0; i < todosObjects.length; i++) {
          const todolistObject = todosObjects[i];
          if (no === todolistObject.no) {
            message = todolistObject.no + '番目のTODOは' + todolistObject.comment + 'です。';
          }
        }
      }
    }

    return handlerInput.responseBuilder
      .speak(message)
      .reprompt(message)
      .getResponse();
  },
};
```

06 サーバーレスの構築例

```
/**
 * 全削除処理
 */
const DeleteAllTodoListHandler = {
  canHandle(handlerInput) {
    const requestEnvelope = handlerInput.requestEnvelope;
    return Alexa.getRequestType(requestEnvelope) === 'IntentRequest' &&
        Alexa.getIntentName(requestEnvelope) === 'DeleteAllTodoListIntent';
  },
  async handle(handlerInput) {
    console.log("Run DeleteAllTodoListHandler:handle");
    let attributes = await handlerInput.attributesManager.getPersistentAttributes();
    attributes.todos = null;
    // 保存用にセッションに保存
    attributes.status = 'ConfirmTodoListHandler'
    attributes.action = 'delete'
    handlerInput.attributesManager.setSessionAttributes(attributes);
    const message = 'すべてのTODOの削除します。よろしいですか？';
    return handlerInput.responseBuilder
      .speak(message)
      .reprompt(message)
      .getResponse();
  },
};
/**
 * 個別削除処理
 */
const DeleteTodoListHandler = {
  canHandle(handlerInput) {
    const requestEnvelope = handlerInput.requestEnvelope;
    return Alexa.getRequestType(requestEnvelope) === 'IntentRequest' &&
        Alexa.getIntentName(requestEnvelope) === 'DeleteTodoListIntent';
  },
  async handle(handlerInput) {
    console.log("Run DeleteTodoListHandler:handle");
    const no = Number(Alexa.getSlotValue(handlerInput.requestEnvelope, 'TodoListNumber'));
    let message = noMatchMessage;
    if (!Number.isNaN(no)) {
      // 永続化情報の取得
      let attributes = await handlerInput.attributesManager.getPersistentAttributes();
      let newTodos = [];
      if (attributes.todos) {
        const todosObjects = attributes.todos;
        let isDelete = false;
        for (let i = 0; i < todosObjects.length; i++) {
          const todolistObject = todosObjects[i];
          let todolistNo = todolistObject.no
```

```
          if (no === todolistNo) {
            isDelete = true;
          } else {
            if (isDelete) {
              todolistNo = todolistNo - 1;
            }
            const newTodoList = {
              no: todolistNo,
              comment : todolistObject.comment
            }
            newTodos.push(newTodoList);
          }
        }
        attributes.todos = newTodos;
      }
      // 保存用にセッションに保存
      attributes.status = 'ConfirmTodoListHandler';
      attributes.action = 'delete';
      handlerInput.attributesManager.setSessionAttributes(attributes);
      message = no + '番目のTODOの削除します。よろしいですか？';
    }
    return handlerInput.responseBuilder
      .speak(message)
      .reprompt(message)
      .getResponse();
  },
};
/**
 * 保存処理
 */
const SaveTodoListHandler = {
  canHandle(handlerInput) {
    const requestEnvelope = handlerInput.requestEnvelope;
    return Alexa.getRequestType(requestEnvelope) === 'IntentRequest' &&
        Alexa.getIntentName(requestEnvelope) === 'SaveTodoListIntent';
  },
  async handle(handlerInput) {
    console.log("Run SaveTodoListHandler:handle");
    const comment = Alexa.getSlotValue(handlerInput.requestEnvelope, 'TodoListContent');
    // 永続化情報の取得
    let attributes = await handlerInput.attributesManager.getPersistentAttributes();
    let no = 1;
    if (attributes.todos) {
      const todosObjects = attributes.todos;
      const todolistObject = todosObjects[todosObjects.length - 1];
      let no = todolistObject.no + 1;
      const newTodoList = {
```

```
        no: no,
        comment : comment
      }
      attributes.todos.push(newTodoList);
    } else {
      const newTodoList = {
        no: no,
        comment : comment
      }
      const newTodoListArray = [];
      newTodoListArray.push(newTodoList);
      attributes.todos = newTodoListArray;
    }

    // 保存用にセッションに保存
    attributes.status = 'ConfirmTodoListHandler';
    attributes.action = 'save';
    handlerInput.attributesManager.setSessionAttributes(attributes);

    const message = 'TODOリストに' + comment + 'を登録します。よろしいですか？';
    console.log(message);
    return handlerInput.responseBuilder
      .speak(message)
      .reprompt(message)
      .getResponse();
  },
};
/**
 * 保存確認および永続化情報保存処理
 */
const ConfirmTodoListHandler = {
  async canHandle(handlerInput) {
    const requestEnvelope = handlerInput.requestEnvelope;
    let attributes = await handlerInput.attributesManager.getSessionAttributes();
    return Alexa.getRequestType(requestEnvelope) === 'IntentRequest' &&
        attributes.status === 'ConfirmTodoListHandler' &&
        (Alexa.getIntentName(requestEnvelope) === 'AMAZON.YesIntent' ||
        Alexa.getIntentName(requestEnvelope) === 'AMAZON.NoIntent');

  },
  async handle(handlerInput) {
    console.log("Run ConfirmTodoListHandler:handle");
    const requestEnvelope = handlerInput.requestEnvelope;
    let attributes = await handlerInput.attributesManager.getSessionAttributes();
    let actionName = attributes.action === 'save' ? '登録' : '削除';
    let message = ''
    if (Alexa.getIntentName(requestEnvelope) === 'AMAZON.YesIntent') {
```

```
      let saveAttributes = await handlerInput.attributesManager.getPersistentAttributes();
      saveAttributes.todos = attributes.todos;
      // 永続化情報に保存
      handlerInput.attributesManager.setPersistentAttributes(saveAttributes);
      await handlerInput.attributesManager.savePersistentAttributes();
      message = actionName + completeMessage;
    } else {
      message = actionName + abortMessage;
    }
    attributes.status = '';
    attributes.action = '';
    attributes.todos = null;
    handlerInput.attributesManager.setSessionAttributes(attributes);

    return handlerInput.responseBuilder
      .speak(message)
      .reprompt(message)
      .getResponse();
  },
};
/**
 * 停止処理
 */
const StopHandler = {
  canHandle(handlerInput) {
    const requestEnvelope = handlerInput.requestEnvelope;
    return Alexa.getRequestType(requestEnvelope) === 'IntentRequest' &&
        Alexa.getIntentName(requestEnvelope) === 'StopIntent';
  },
  handle(handlerInput) {
    return handlerInput.responseBuilder
      .speak('終わります')
      .reprompt('終わります')
      .getResponse();
  }
};
/**
 * セッション終了処理
 */
const SessionEndHandler = {
  canHandle(handlerInput) {
    const requestEnvelope = handlerInput.requestEnvelope;
    return Alexa.getRequestType(requestEnvelope) === 'SessionEndedRequest';
  },
  handle(handlerInput) {
  }
};
```

```
/**
 * エラー処理
 */
const ErrorHandler = {
  canHandle(handlerInput, error) {
    return true;
  },
  handle(handlerInput, error) {
    console.log(error)
    return handlerInput.responseBuilder
      .speak('エラーが発生しました')
      .getResponse();
  }
}
/**
 * リクエスト情報表示
 */
const RequestInterceptor = {
  process(handlerInput) {
    console.log(JSON.stringify(handlerInput, null , "\t"));
  }
};
/**
 * レスポンス情報表示
 */
const ResponseInterceptor = {
  process(handlerInput, response) {
    console.log(JSON.stringify(response, null , "\t"));
  }
};
exports.handler = async function (event, context) {
  if (!skill) {
    skill = Alexa.SkillBuilders.standard()
      .addRequestHandlers(
        LaunchRequestHandler,
        HelpHandler,
        GetTodoListsHandler,
        DeleteTodoListHandler,
        DeleteAllTodoListHandler,
        SaveTodoListHandler,
        ConfirmTodoListHandler,
        GetTodoListIntentHandler,
        SessionEndHandler,
        StopHandler
      )
      .withTableName(tableName) // テーブル名指定
      .withAutoCreateTable(true) // テーブル作成もスキルから行う
```

```
      .addRequestInterceptors(RequestInterceptor)
      .addResponseInterceptors(ResponseInterceptor)
      .addErrorHandlers(ErrorHandler)
      .create();
  }
  return skill.invoke(event);
}
```

一処理を例に解説します。

```
const GetTodoListIntentHandler = {
  canHandle(handlerInput) {
    const requestEnvelope = handlerInput.requestEnvelope;
    return Alexa.getRequestType(requestEnvelope) === 'IntentRequest' &&
        Alexa.getIntentName(requestEnvelope) === 'GetTodoListIntent';
  },
  async handle(handlerInput) {
    console.log("Run GetTodoListIntentHandler:handle");
    const no = Number(Alexa.getSlotValue(handlerInput.requestEnvelope, 'TodoListNumber'));
    let message = noMatchMessage;
    if (!Number.isNaN(no)) {
      // 永続化情報の取得
      const attributes = await handlerInput.attributesManager.getPersistentAttributes();
      message = noDataMessage;
      if (attributes.todos) {
        const todosObjects = attributes.todos;
        for (let i = 0; i < todosObjects.length; i++) {
          const todolistObject = todosObjects[i];
          if (no === todolistObject.no) {
            message = todolistObject.no + '番目のTODOは' + todolistObject.comment + 'です。';
          }
        }
      }
    }

    return handlerInput.responseBuilder
      .speak(message)
      .reprompt(message)
      .getResponse();
  },
};
```

`canHandle` では、このハンドラーの処理が利用可能かチェックします。ここではリクエストタイプと処理の名前が一致した場合に `handle` 内の処理が実行されます。この例では、リクエストタイプが `IntentRequest` 、処理名が `GetTodoListIntent` という場合に、`handle` 内の処理が実行されます。 `handle` 内では受け取った値を使って、処理を行っていきます。

01 02 03 04 05 **06** サーバーレスの構築例 07

Alexaからは次のように Slot に値が渡ってきます。

```
const no = Number(Alexa.getSlotValue(handlerInput.requestEnvelope, 'TodoListNumber'));
```

この例では、TodoListNumber というSlotに格納されている値を数値にして取得しています。

Slotから値を取得する箇所はAlexa SDKのv2になりだいぶ楽になりました。以前であれば、次のように書く必要がありました。

```
const slotXXX = handlerInput.requestEnvelope.request.intent.slots.XXX.value;
```

Alexa SDKの**ASK SDK Utilities**というものが登場し、非常に簡単に値を取得できるようになりました。

続いて、下記の部分で永続化情報を保持しているDynamoDBから値を取得しています。

```
const attributes = await handlerInput.attributesManager.getPersistentAttributes();
```

Amazon DynamoDBには、attributes というオブジェクトの中にMapで no 、comment というキーで値を保持しています。

```
▼ attributes Map {1}
  ▼ todos List [1]
    ▼ 0  Map {2}
         comment String : 買い物に行く
         no      Number : 1
```

その後は、Alexaから受け取った数値(no)と一致する comment を文字列として返却しています。

AWS Lambdaの準備ができたら、次にAlexa Skillの設定を行いましょう。

▶ Amazon Alexa Developerサイトでの手順

AmazonのDeveloperサイトの中の、Alexa Skills Kit（ASK）のページを開きます（下記URL）。

URL https://developer.amazon.com/ja-JP/alexa/alexa-skills-kit

［スキル開発を始める］ボタンをクリックします。

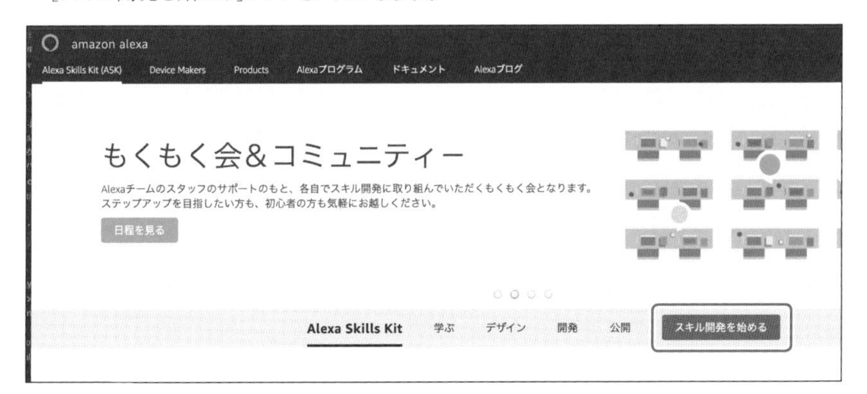

ログイン画面が表示されるので、アカウントのメールアドレス/携帯電話番号とパスワードを入力して、ログインします。

もし、この時点でアカウントがない場合は、[Amazonアカウントを作成]ボタンをクリックすると、アカウント登録画面が表示されるので、必要な情報を入力して、アカウントを作成してください。

ログインをすると、スキルの一覧が出てきます。ここでは、[スキルの作成]ボタンをクリックします。

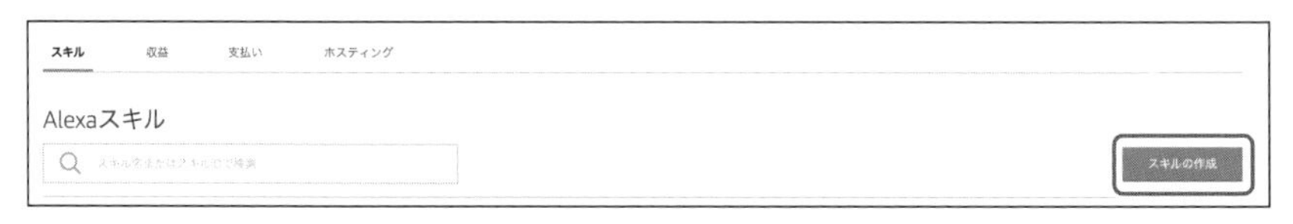

なお、一度、作成すると、次のように一覧に表示されます。

スキル名とデフォルトの言語を設定します。ここでは「todo-list-sample」と入力しています。

［1.スキルに追加するモデルを選択］と［2.スキルのバックエンドリソースをホスティングする方法を選択］を選択します。

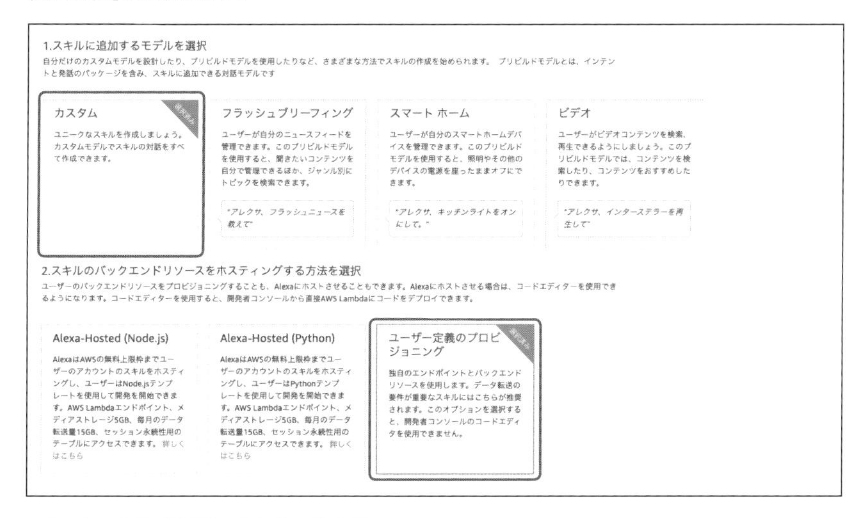

［スキルを作成］ボタンをクリックします。

［スキルに追加するテンプレートを選択］では、「Hello Worldスキル」のままで、［テンプレートで続ける］ボタンをクリックします。

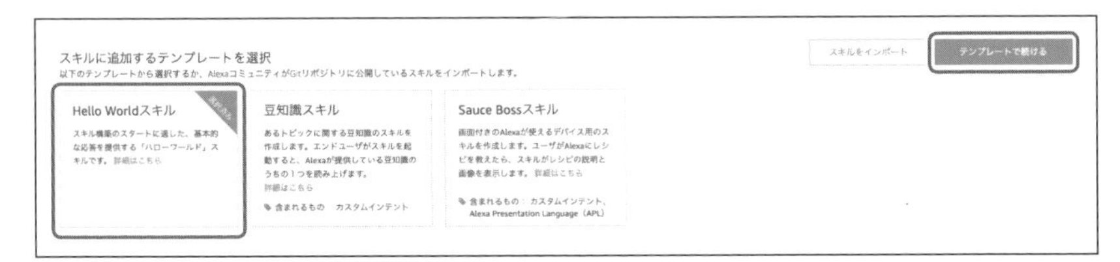

続いて、ビルド画面が表示されます。呼び出し名やインテントと呼ばれるアクションを定義します。

1つひとつ定義していくことも可能ですが、ここでは、JSONエディターで登録したいと思います。左側のメニューの［JSONエディター］をクリックします。

そうすると、右側にJSONエディターが表示されます。

JSONエディター
対話モデルのスキーマ定義の詳細については、ここをクリックしてください。
.jsonファイルをドラッグ&ドロップ

入力フィールドに次の内容を貼り付けます。

```
{
    "interactionModel": {
        "languageModel": {
            "invocationName": "マイtodoリスト",
            "intents": [
                {
```

```
            "name": "AMAZON.HelpIntent",
            "samples": [
                "ヘルプ"
            ]
        },
        {
            "name": "AMAZON.StopIntent",
            "samples": []
        },
        {
            "name": "AMAZON.CancelIntent",
            "samples": []
        },
        {
            "name": "AMAZON.NavigateHomeIntent",
            "samples": []
        },
        {
            "name": "AMAZON.YesIntent",
            "samples": []
        },
        {
            "name": "AMAZON.NoIntent",
            "samples": []
        },
        {
            "name": "GetTodoListsIntent",
            "slots": [
                {
                    "name": "todoList",
                    "type": "JP_TODOLIST"
                }
            ],
            "samples": [
                " {todoList} ",
                " {todoList} 表示",
                " {todoList} 表示して",
                " {todoList} 教えて",
                " {todoList} だして",
                " {todoList} 見せて",
                " {todoList} を表示",
                " {todoList} を表示して",
                " {todoList} を教えて",
                " {todoList} をだして",
                " {todoList} を見せて"
            ]
        },
```

```
{
    "name": "DeleteAllTodoListIntent",
    "slots": [
        {
            "name": "todoList",
            "type": "JP_TODOLIST"
        }
    ],
    "samples": [
        " {todoList} 消して",
        " {todoList} 削除",
        " {todoList} 削除して",
        " {todoList} を消して",
        " {todoList} を削除",
        " {todoList} を削除して",
        " {todoList} 全部消して",
        " {todoList} 全部削除",
        " {todoList} 全部削除して",
        " {todoList} を全部消して",
        " {todoList} を全部削除",
        " {todoList} を全部削除して"
    ]
},
{
    "name": "DeleteTodoListIntent",
    "slots": [
        {
            "name": "TodoListNumber",
            "type": "AMAZON.NUMBER"
        }
    ],
    "samples": [
        "TODOリストの {TodoListNumber} 番削除",
        "TODOリストの {TodoListNumber} 番削除して",
        "TODOリストの {TodoListNumber} 番消して",
        "TODOリストの {TodoListNumber} 番を削除",
        "TODOリストの {TodoListNumber} 番を削除して",
        "TODOリストの {TodoListNumber} 番を消して"
    ]
},
{
    "name": "SaveTodoListIntent",
    "slots": [
        {
            "name": "TodoListContent",
            "type": "AMAZON.SearchQuery"
        }
```

```
            ],
            "samples": [
                "TODOリストに {TodoListContent} を登録して",
                "TODOリストに {TodoListContent} を登録",
                "TODOリストに {TodoListContent} を保存して",
                "TODOリストに {TodoListContent} を保存",
                "TODOリストに {TodoListContent} 登録して",
                "TODOリストに {TodoListContent} 登録",
                "TODOリストに {TodoListContent} 保存して",
                "TODOリストに {TodoListContent} 保存"
            ]
        },
        {
            "name": "GetTodoListIntent",
            "slots": [
                {
                    "name": "TodoListNumber",
                    "type": "AMAZON.NUMBER"
                }
            ],
            "samples": [
                "TODOリスト {TodoListNumber} 番表示",
                "TODOリスト {TodoListNumber} 番表示して",
                "TODOリスト {TodoListNumber} 番教えて",
                "TODOリスト {TodoListNumber} 番見せて",
                "TODOリストの {TodoListNumber} 番表示",
                "TODOリストの {TodoListNumber} 番表示して",
                "TODOリストの {TodoListNumber} 番教えて",
                "TODOリストの {TodoListNumber} 番見せて",
                "TODOリスト {TodoListNumber} 番を表示",
                "TODOリスト {TodoListNumber} 番を表示して",
                "TODOリスト {TodoListNumber} 番を教えて",
                "TODOリスト {TodoListNumber} 番を見せて",
                "TODOリストの {TodoListNumber} 番を表示",
                "TODOリストの {TodoListNumber} 番を表示して",
                "TODOリストの {TodoListNumber} 番を教えて",
                "TODOリストの {TodoListNumber} 番をみせて"
            ]
        }
    ],
    "types": [
        {
            "values": [
                {
                    "name": {
                        "value": "TODOリスト",
                        "synonyms": [
```

```
                                    "トードゥリスト",
                                    "todolist"
                                ]
                            }
                        }
                    ],
                    "name": "JP_TODOLIST"
                }
            ]
        }
    }
}
```


invocationName が**呼び出し名**、intents 以下が**インテント**になります。

インテントの設定ですが、1つ例に説明します。

```
{
    "name": "SaveTodoListIntent",
    "slots": [
        {
            "name": "TodoListContent",
            "type": "AMAZON.SearchQuery"
        }
    ],
    "samples": [
        "TODOリストに {TodoListContent} を登録して",
        "TODOリストに {TodoListContent} を登録",
        "TODOリストに {TodoListContent} を保存して",
        "TODOリストに {TodoListContent} を保存",
        "TODOリストに {TodoListContent} 登録して",
        "TODOリストに {TodoListContent} 登録",
        "TODOリストに {TodoListContent} 保存して",
        "TODOリストに {TodoListContent} 保存"
    ]
}
```

name はインテント名で、AWS Lambda側でこの値で処理分岐します。slots の中身は、前述した通り、AWS Lambdaに渡すパラメータの値です。ここでは TodoListContent というパラメータで、フリーのテキストの内容を渡すために、AMAZON.SearchQuery というタイプにしています。タイプには、数値の AMAZON.NUMBER 、日付の AMAZON.DATE などがあります。詳しくは、下記のドキュメントを参照してください。

- スロットタイプリファレンス ｜ Alexa Skills Kit - Amazon Developer

  URL https://developer.amazon.com/ja-JP/docs/alexa/custom-skills/slot-type-reference.html

また、今回の例では、独自にtypeを定義しています。**TODOリスト**とその類似語を定義しています。

```
"types": [
    {
        "values": [
            {
                "name": {
                    "value": "TODOリスト",
                    "synonyms": [
                        "トードゥリスト",
                        "todolist"
                    ]
                }
            }
        ],
        "name": "JP_TODOLIST"
    }
]
```

`samples` は、発話のサンプルになります。Alexaは `samples` に定義した言葉が入力された場合に、処理を実行することになります。定義していない言葉以外が入力された場合は、`GetTodoListsIntent` が呼び出されますが、`status` を見て、エラーを返すようにしています。

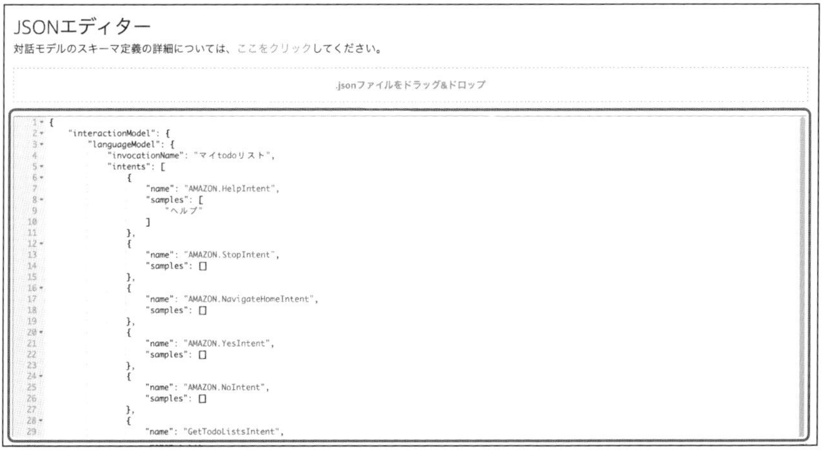

JSONエディター

対話モデルのスキーマ定義の詳細については、ここをクリックしてください。

.jsonファイルをドラッグ&ドロップ

```
1  {
2      "interactionModel": {
3          "languageModel": {
4              "invocationName": "マイtodoリスト",
5              "intents": [
6                  {
7                      "name": "AMAZON.HelpIntent",
8                      "samples": [
9                          "ヘルプ"
10                     ]
11                 },
12                 {
13                     "name": "AMAZON.StopIntent",
14                     "samples": []
15                 },
16                 {
17                     "name": "AMAZON.NavigateHomeIntent",
18                     "samples": []
19                 },
20                 {
21                     "name": "AMAZON.YesIntent",
22                     "samples": []
23                 },
24                 {
25                     "name": "AMAZON.NoIntent",
26                     "samples": []
27                 },
28                 {
29                     "name": "GetTodoListsIntent",
```

貼り付けたら、画面上部の[モデルを保存]ボタンをクリックします。

左側のペインが次のようになります。

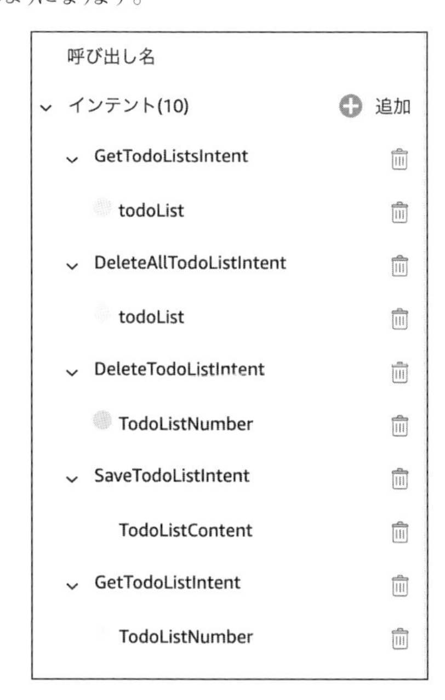

次に、AWS Lambdaとのつなぎ込みを行います。左側のメニューの[エンドポイント]をクリックします。

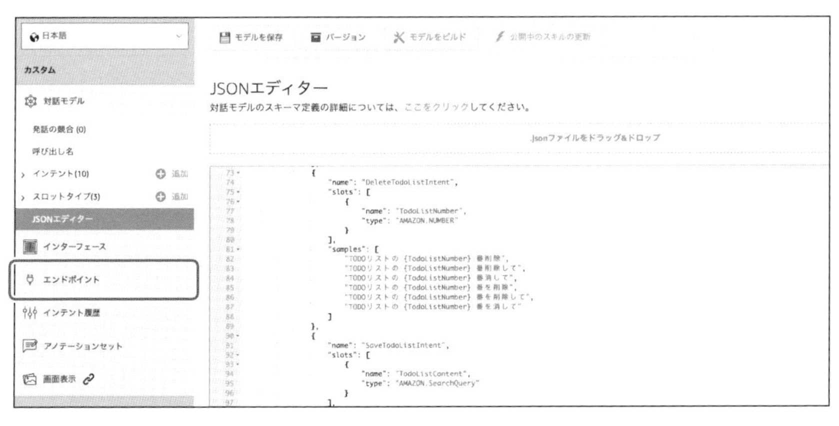

今回はAWS Lambdaをバックエンドとするので、[AWS LambdaのARN]をONにします。

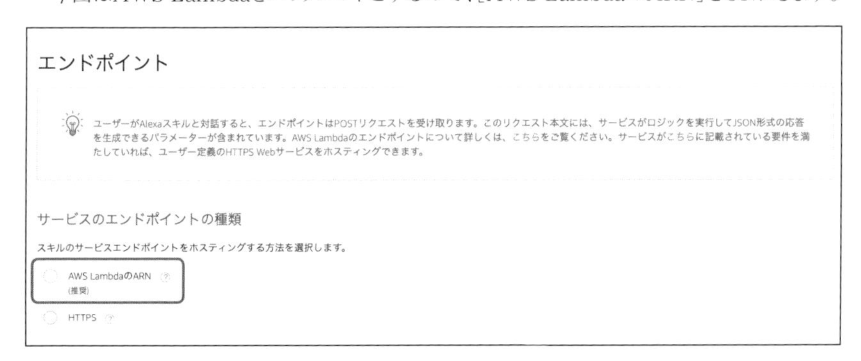

[スキルID]はこの後で使うのでメモしておきます。[デフォルトの地域]に前に登録したAWS LambdaのARNを設定します。

サービスのエンドポイントの種類
スキルのサービスエンドポイントをホストする方法を選択します。lambda領域を選択する際のベストプラクティス。詳細はこちら
AWS LambdaのARN
(推奨)
スキルID
amzn1.ask.skill.cccccccccccccccccccccccccccccccccccc
クリップボードにコピー
デフォルトの地域
(必須)
北米
(オプション)
ヨーロッパとインド
(オプション)
極東
(オプション)

今回は東京リージョンがデフォルトで、他リージョンは利用しないので、北米などの他のリージョンは空白で問題ありません。

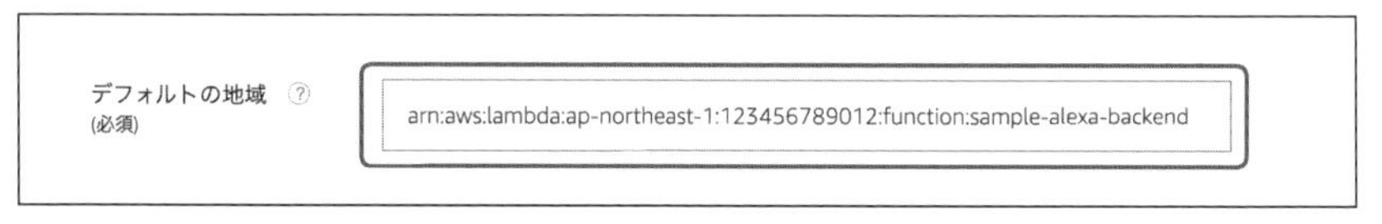

ARNを入力したら、いったんAWS Lambdaの画面に移動します。

設定済みのAWS Lambdaにトリガーを追加します。[Designer]を開き、[+トリガーを追加]ボタンをクリックします。

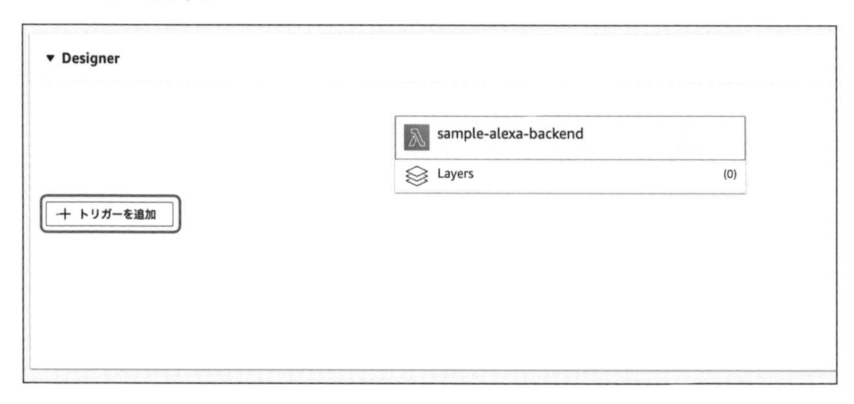

[トリガーを選択]のプルダウンを開くと、その中に[Alexa Skills Kit]という項目があるので、それを選択します。

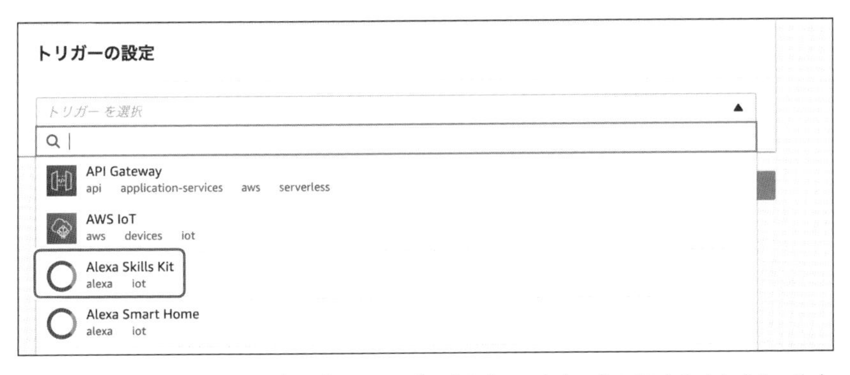

[スキルID検証]のところにある、[スキルID]に先ほどメモしたスキルIDを入力します。入力したら[追加]ボタンをクリックします。

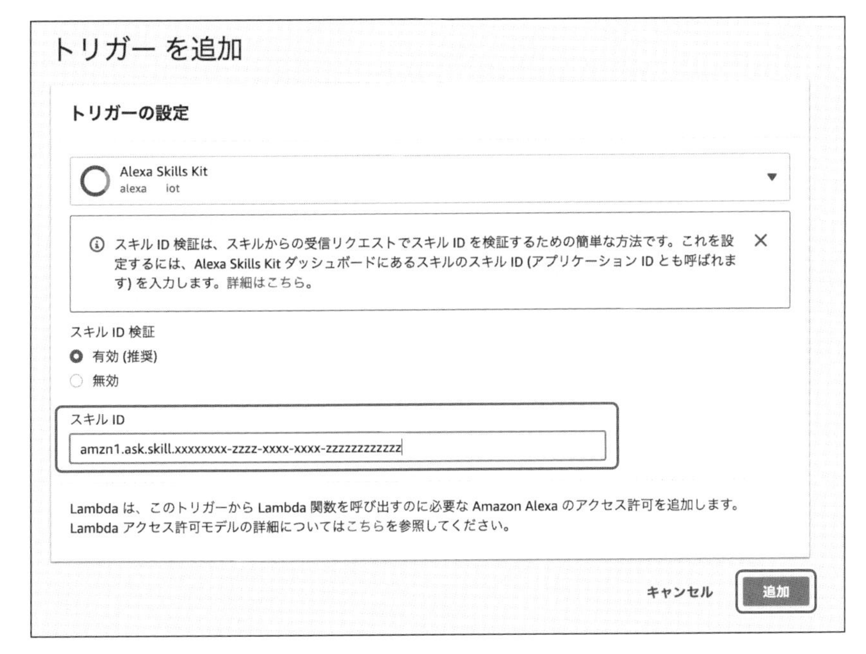

AWS Lambdaの設定画面に戻ったら、[保存]ボタンをクリックして、デプロイします。

保存が終わったら、Alexaのコンソールに戻ります。

エンドポイントの入力画面が開いたままだと思うので、画面上部の[エンドポイントを保存]ボタンをクリックします。

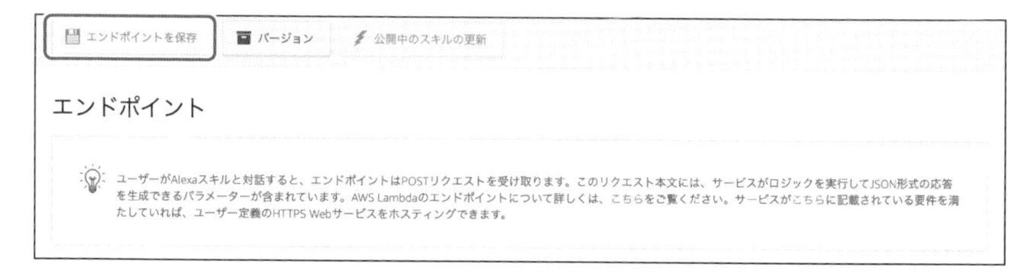

左側のメニューの[インターフェイス]をクリックし、右側の画面、上段にある[モデルをビルド]ボタンをクリックします。

ビルドが始まるので、終了するまで待ちます。

右下に次のようなダイアログがでれば、完了です。

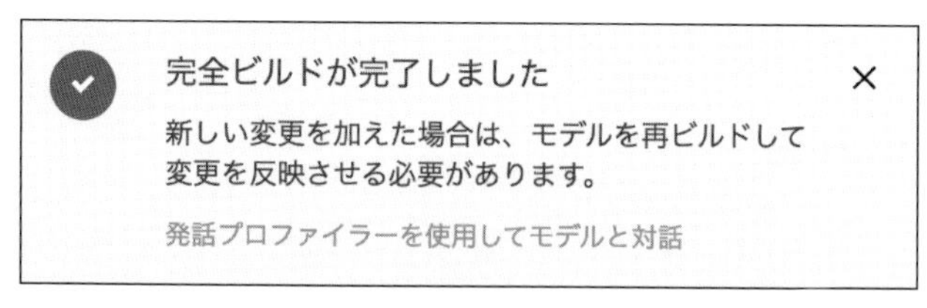

もし、エラーが発生した場合は、設定内容を見直してみましょう。

いよいよ、テストです。画面上部にあるメニューの[テスト]をクリックします。

開くと次のような通知(Google Chromeの場合)が出るときがありますが、[許可する]ボタンをクリックしてください。なお、許可しなくても、テスト自体は文字入力ができるので、特に問題ありません。

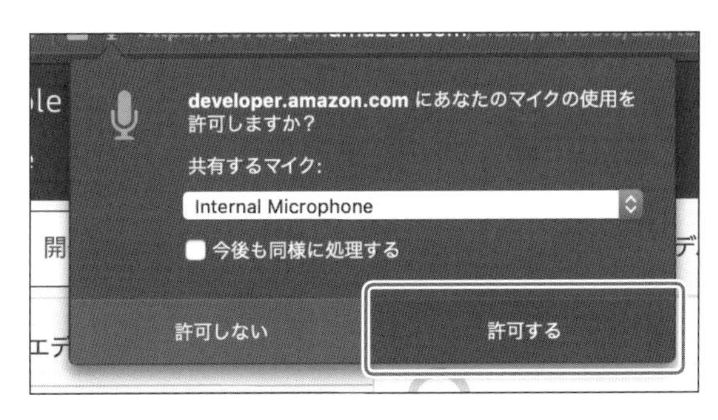

では、テストをしてみましょう。

Alexaシュミレータを選択して、その下の入力項目に `invocationName` に定義した名前(サンプルの場合は「マイTODOリスト」)を入力します。

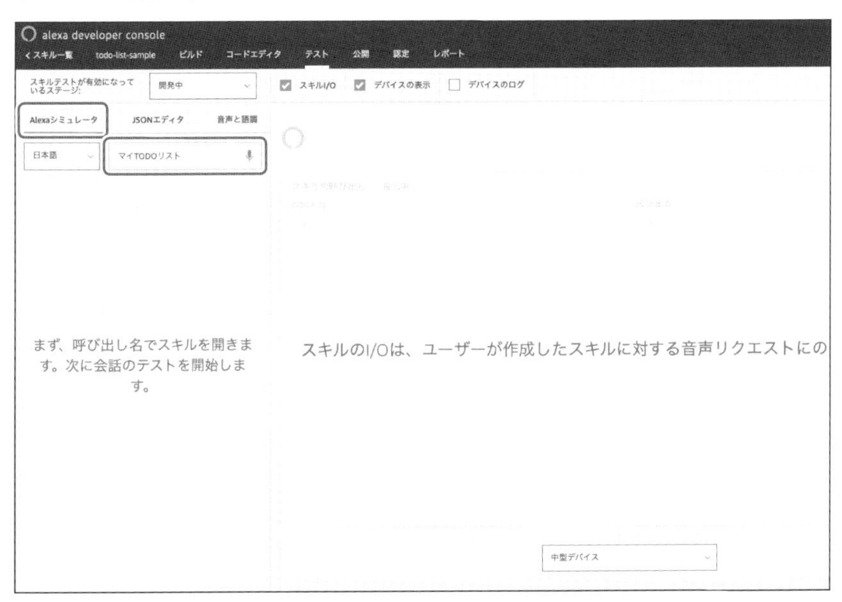

問題なければ、AWS Lambda側で定義したあいさつのメッセージが返ってきます。このとき、音声でもメッセージが流れます。

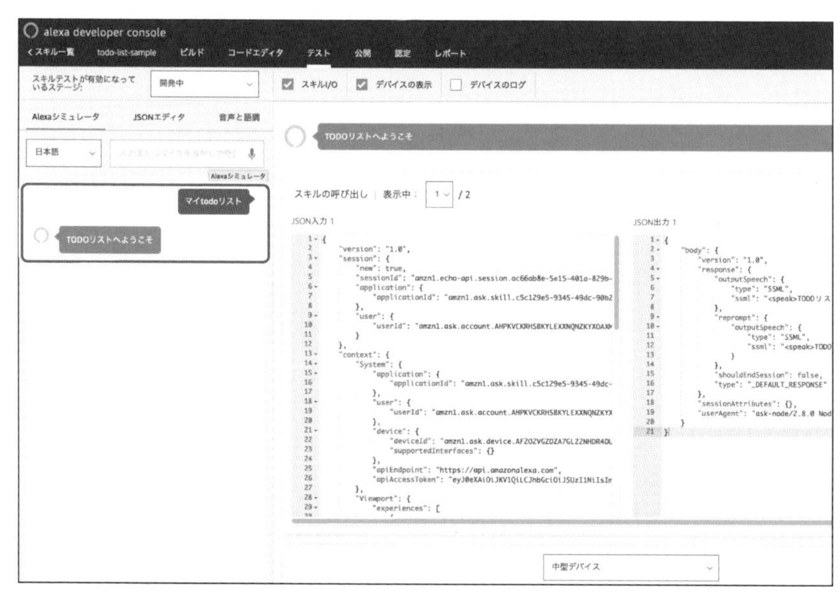

サンプル発話に登録した言葉を入力してみましょう。

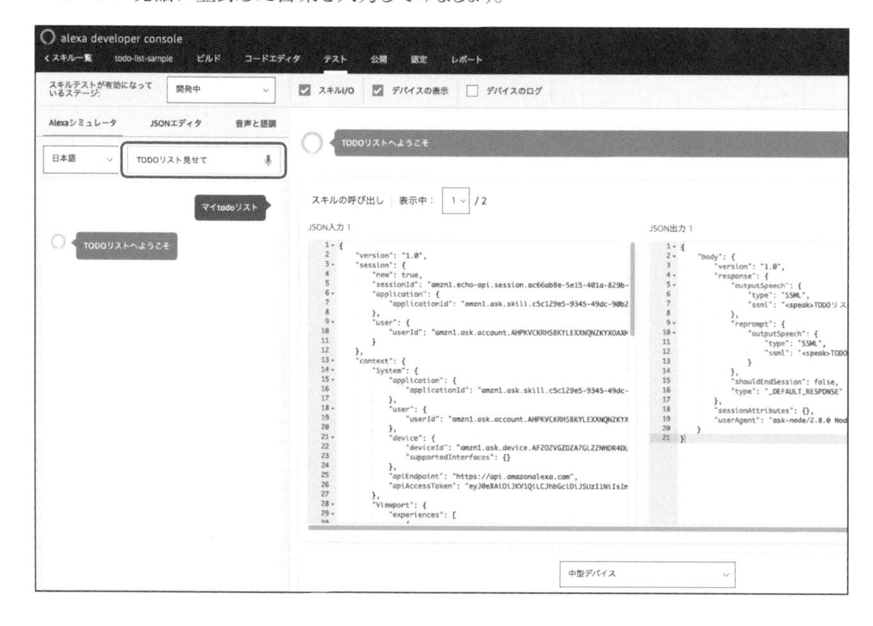

同じようにAWS Lambdaからサンプル発話に適合した処理結果が返ってきます。

一通り、発話例通りに登録、削除などができればOKです。

Ⅲ 最近のアップデートによるさらなる改善

今回の例では、データストアとして、Amazon DynamoDBを利用していますが、複合的な検索がしたい場合、たとえば内容に一致するものを呼び出したい場合は、文字列マッチングよりは、SQLで検索する方が良い場合もあります。

その場合はAmazaon RDSを使うことになりますが、2019年のアップデートで、VPC Lambdaのコールドスタートの高速化など、いくつかのアップデートが行われたため、Amazon RDSをデータストアとして、積極的に使うことできるようになりました。

Ⅲ まとめ

AWS Lambdaを使い、Alexaのバックエンドの構築を行う手順について解説しました。

スキルとしての公開までは行いませんでしたが、実際に、AWS Lambdaをバックエンドとした Alexaスキルは数多く公開されていると思います。

なお、AmazonのDeveloperサイトには、別の構築例もあるので、そちらも試してみてください。

- Amazon Alexa Offical Site

  URL https://developer.amazon.com/ja-JP/alexa/

また、今回はAlexaのバックエンドの事例ですが、Amazon API GatewayやAWS Lambdaを使うことで、LINE APIなど、他のVDIのバックエンドとして利用することも可能です。

CHAPTER 07

サーバーレスの失敗談と問題解決

失敗談①～Amazon RDSを起動させ続けた

本書では起動中のみ利用料金が発生するサーバーレスのAmazon RDSを紹介しました。しかし、デフォルトの設定のままではDB未接続時に一時停止する機能は有効になっていません。

下図は筆者が検証期間にRDSの利用料金を発生させ続けた結果の請求内容になります。

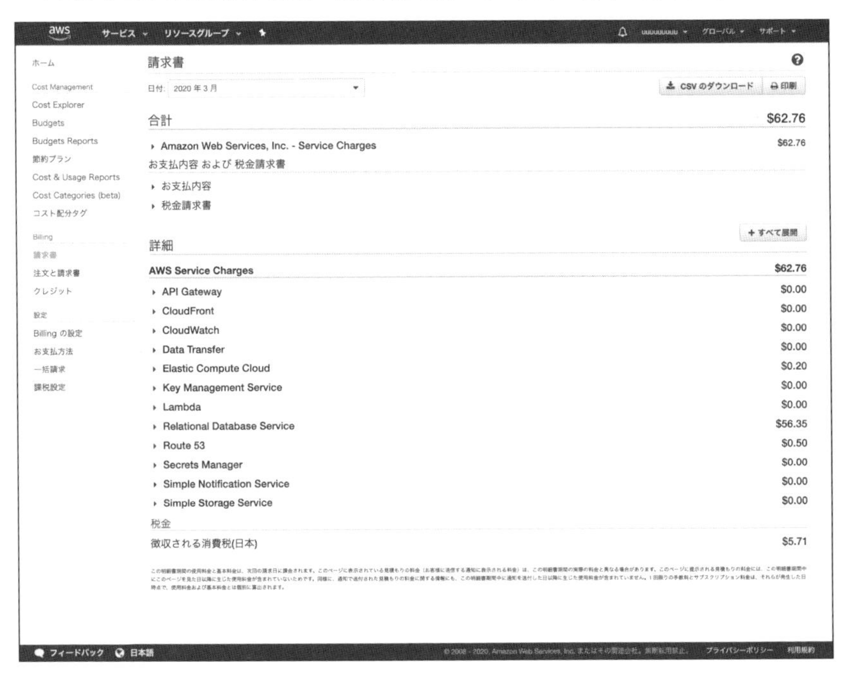

検証期間中、丸々1カ月、Amazon RDSを起動させ続けた結果、56.35USDを請求されることとなりました。さらに筆者は日本在住で東京リージョンを利用しているため、10%の消費税が加算されます。

本書を手にとってくださった皆さまは、無駄なコストが掛からないように気を付けてください。

Amazon Aurora Serverlessの自動的な一時停止と再開

アクティビティなしの状態が一定時間続いた場合、Aurora Serverless DBクラスターを一時停止できます。DBクラスターを一時停止するまでのアクティビティなしの時間を指定します。デフォルトは5分です。DBクラスターの一時停止を無効にすることもできます。

DBクラスターを一時停止すると、コンピューティングまたはメモリのアクティビティが完全に停止し、ストレージに対してのみ課金されます。Aurora Serverless DBクラスターの一時停止中にデータベース接続がリクエストされると、DBクラスターは自動的に再開して接続リクエストに対応します。

詳しくはAWSのユーザーガイドをご覧ください。

URL https://docs.aws.amazon.com/ja_jp/AmazonRDS/latest/AuroraUserGuide/aurora-serverless.how-it-works.html

設定手順

マネジメントコンソールの[サービス]→[RDS]→[データベース]→[(自動的に一時停止をさせたいDB)]を選択します。次に[変更]ボタンをクリックし、キャパシティーの設定に進みます。

[スケーリングの追加設定]を展開し、[数分間アイドル状態のままの場合コンピューティング性能を一時停止する]をONにして次へ進みます。

アイドル状態になった後の一時停止の設定が[true]になることを確認します。

[変更のスケジュール]については、次のいずれかを選択してます。

設定値	説明
次に予定されるメンテナンスウィンドウ中に適用します	作業中や本番稼働中のDBの場合に選択する
すぐに適用	接続中のコネクションが切断されても問題ない場合に選択する

設定内容を確認し、[クラスターの変更]ボタンをクリックします。

しばらくこのDBへの接続がなくなると(デフォルトでは5分)、Amazon RDSは停止いたします。停止中はストレージ料金のみ掛かります。現在のキャパシティーが[0個のキャパシティーユニット]となっていればインスタンスは停止中です。

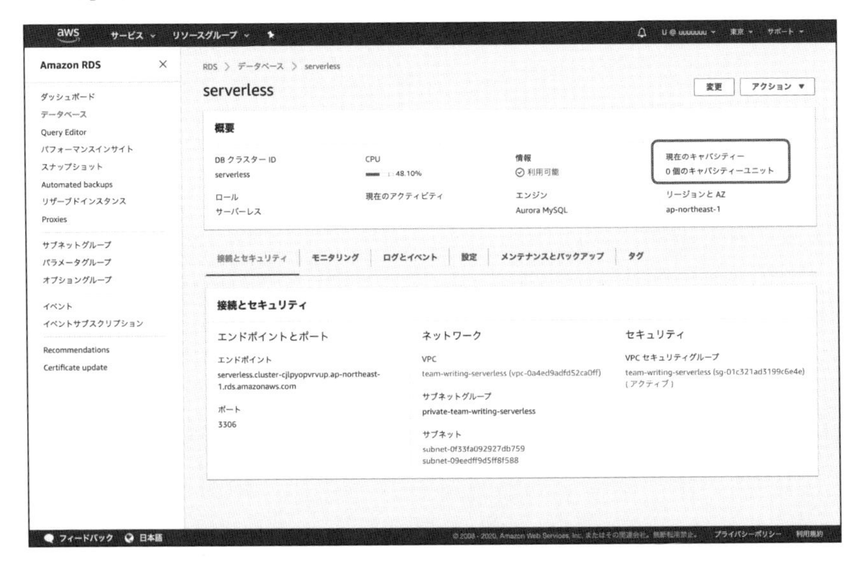

注意

一時停止中のDBインスタンスが起動するまでに30秒～1分掛かります。Amazon API Gateway+AWS Lambda+Amazon Aurora Serverlessを組み合わせたREST APIを利用する場合はフロントエンドでリトライさせる処理を入れるようにしましょう。

また、Amazon CloudFrontやAmazon API GatewayのAPIキャッシュを活用し、APIへのリクエストのレイテンシーを短くする工夫をしましょう。

まとめ

開発中のDBや、夜間は利用しないDBなど、長時間アクセスがないDBには本節で説明した設定をおすすめします。サーバーレスだから利用料金が抑えられるのではなく、適切に停止する設定を行うことで利用料金が抑えられる点に注意しましょう。

一時停止中のDBインスタンスが起動するまでに30秒ほどかかってしまう点は、本番環境において致命的です。筆者の事例では開発環境、検証環境は一時停止中の設定を有効にして運用しています。

本番環境は開発期間中に一時停止の設定を有効にして運用していました。ローンチ時には一時停止の設定を無効にし、常時起動で運用しています。

まだ歴史の浅いサーバーレスDBですが、今後の機能追加や起動の高速化を期待しています。

SECTION-034

失敗談②〜AWS Lambdaでスロットリングが発生してしまった

AWS Lambdaは、もともと利用料金が低く、月額の無料利用枠があるため、ちょっとした検証では、多くの場合、無料利用枠内に収まるケースが多いです。

しかし、ちょっとしたミスで、Lambdaが大量に起動し、無料利用枠を使い切ってしまうということもあります。

本書を手にとってくだっさった皆さまは、無駄なコストが掛からないように気を付けてください。

Lambdaの非同期処理について

復習になりますが、AWS Lambdaの呼び出し方法には、次のケースがあります。

- 同期呼び出し
- 非同期呼び出し

非同期呼び出しのトリガーには、Amazon S3やAmazon SQSなど、多くのものがサポートされています。ここで解説する失敗談は、ある非同期処理によるAWS Lambdaを実行した際のものになります。

想定構成

想定している構成は次のようになります。

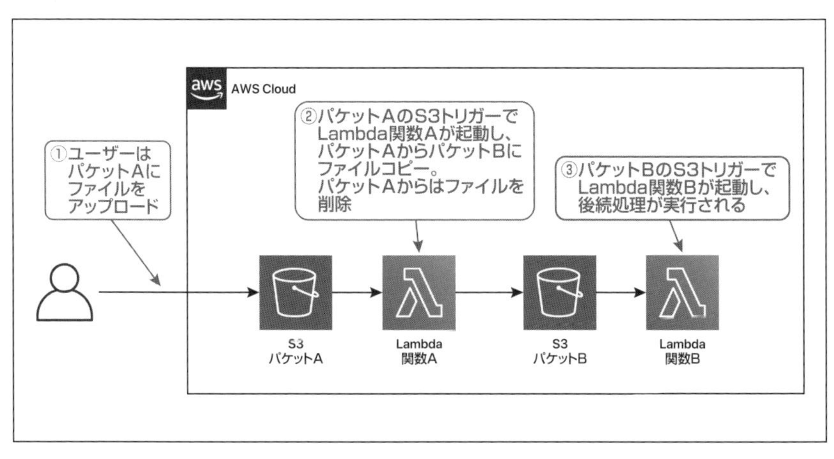

Lambda関数Aのコピー先のバケット(想定では、バケットB)の指定は、AWS Lambdaの環境変数に定義しています。

事象発生時の構成

事象が発生したときの構成は次のようになります。

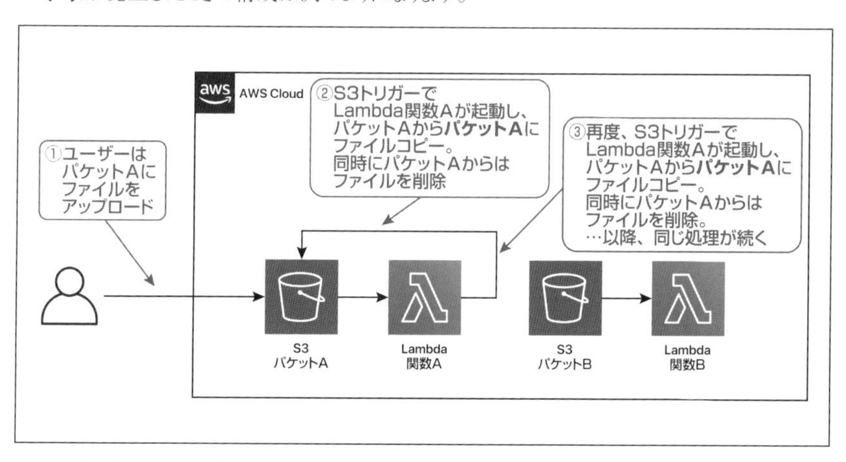

S3バケットAにアップロードされたオブジェクトが、バケットAにコピーされ続けるとともに、Lambda関数の実行がそのたびに発生するという状態になり、処理時間が大変短かったため、すぐに同時実行数の上限に達し、Lambda関数Aおよび他の関数で、**スロットリング**が発生する状態になりました。

原因

事象発生時の構成を見てもらうとわかるように、バケットAのS3トリガーで起動するLambda関数Aは、オブジェクトを**バケットB**にコピーしないといけないところを、環境変数に定義するバケット名を呼び出し元のバケットである**バケットA**にしてしまい、**バケットA**にコピーするような状態になっていました。

また、Lambda関数AのS3トリガーの発生条件は、次のように指定できますが、これが、**すべてのオブジェクト作成イベント**になっていたため、COPYでも発生するような状態になっていました。

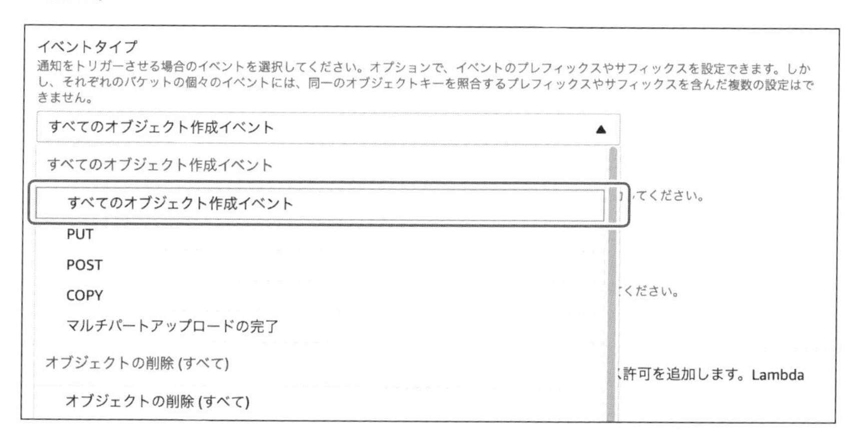

対策

環境変数の値を適切に設定するのはもちろんのこと、次のような対策を行って、同じような事象が起きないようにしました。

- 関数ごとに設定可能な同時実行数の上限を「1」に設定し、他の関数に影響を及ぼさないようにする
- Lambda関数AのS3トリガーの条件にPUT/POST/マルチパートアップロードの完了の3つする

まとめ

ここで得られる教訓としては、CHAPTER 04でも記述していますが、サーバーレスといえども、監視と運用はなくてはならないものなのです。

今回、紹介した事例では開発中の環境であり、テストの1回目の実行で起き、Amazon CloudWatchのメトリクスやCloudWatch Logs内のAWS Lambdaのログを確認していた状態でしたので、すぐに気付き対応することができました。

しかし、実際の運用環境の場合、ファイルを配置し、AWS Lambdaが実行されて、実際にエラーが発生するまで気付けません。

監視をしていなければ、もしかしたら、処理が正常に完了しないということで気付き、発覚が遅くなる場合もありえます。その場合の影響は大きくなってしまいます。

人間はミスをする生き物なのでミスを防ぐことも重要ですが、監視を行って、障害発生時にはなるべく早く気付けるようにしましょう。

最後に、起きないことを切に願いますが、もし、AWS Lambdaが無限ループのような暴走状態に陥ってしまった場合は、関数の画面上部にある[スロットリング]ボタンをクリックすることで、強制的に止めることができます。

SECTION-035

SPA+サーバーレスで再読み込みをするとAccessDeniedになってしまう問題の解決方法

SPA+サーバーレス構成でページの再読み込みをすると、AccessDeniedになってしまう問題の解決方法を紹介します。

ここでは、Nuxt.jsでSPAを作成し、Amazon CloudFrontとAmazon S3を利用して公開する例になります。

なお、Nuxt.jsについては詳しくは触れません。詳しくは公式ドキュメントをご覧ください。

URL https://ja.nuxtjs.org/

また、Amazon S3バケットの作成とAmazon CloudFrontディストリビューションの作成については詳しくは触れません。

ローカルで動作確認

執筆時の環境は次のとおりです。

```
macOS 10.14.6

$ npm -v
6.14.4
```

配布してあるソースコードの構造は次の通りです。

```
serverless-spa
├── nuxt.config.js
├── package-lock.json
├── package.json
└── pages
    ├── index.vue
    └── user
        ├── index.vue
        └── one.vue
```

まずはローカルでWebページの動作確認を行います。`serverless-spa`ディレクトリへ移動し、`nuxt`を`npm`でプロジェクトに追加します。

```
$ cd serverless-spa
$ npm install --save nuxt
```

次にローカルサーバーを起動し、動作確認を行います。

```
$ npm run dev
```

今回は次の3つのページを用意してあります。

- http://localhost:3000/
- http://localhost:3000/user
- http://localhost:3000/user/one

ブラウザで `http://localhost:3000/` にアクセスすると、「Hello world!」と表示されるページが表示されます。

Hello world!

- ユーザーページ
- このサイトについて

存在しない `http://localhost:3000/about` にアクセスすると、次の画面が表示されます。

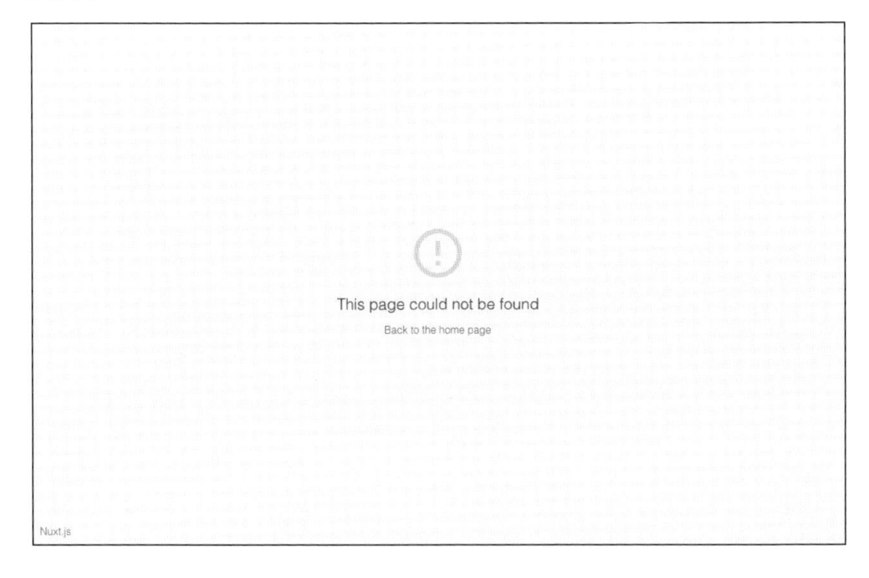

Webページ公開

ローカル環境で確認できましたら、次にAmazon CloudFront+Amazon S3を利用し、Webページを公開します。公開用のS3バケットを作成し、CloudFrontディストリビューションを作成します。Amazon CloudFrontにはOrigin Pathは設定していません。

次に、nuxtプロジェクトのルートディレクトリで `npm run build` を実行します。

```
$ cd serverless-spa
$ npm run build
```

プロジェクトのルートディレクトリ配下に `dist` というディレクトリが生成されます。この `dist` 配下を公開用のS3バケットへアップロードします。

```
$ aws s3 cp dist/ s3://[バケット名]/ --recursive
```

Amazon CloudFrontのドメイン名にブラウザでアクセスすると、ローカル同様に「Hello world!」と表示されるページが表示されます。

問題点

［ユーザーページ］のリンクをクリックすると `/user` へ遷移します。ここまでの動作はローカルと同じですが、このユーザーページでブラウザの更新ボタンをクリックすると「AccessDenied」と表示されてしまいます。

```
AccessDeniedAccess Denied6D149204EDD75D91r2IUXtsnGVXMy7ozkZfAKoZzFDbr6qUTuzCOajIEVSTLyI7im9WpdCAtqdfPZQUZYx/TcWZkIlQ=
This XML file does not appear to have any style information associated with it. The document tree is shown below.
<Error>
<Code>AccessDenied</Code>
<Message>Access Denied</Message>
<RequestId>6D149204EDD75D91</RequestId>
<HostId>
r2IUXtsnGVXMy7ozkZfAKoZzFDbr6qUTuzCOajIEVSTLyI7im9WpdCAtqdfPZQUZYx/TcWZkIlQ=
</HostId>
<HostId>...</HostId>
</Error>
<Error>...</Error>
```


Amazon CloudFront+Amazon S3+SPAの環境においてルートディレクトリでは起こらず、サブディレクトリで起こる問題となります。

解決方法

CloudFrontのディストリビューションの「Error Pages」タブをクリックし、[Create Custom Error Response]ボタンをクリックして次の設定を行います。

項目	設定値
HTTP Error Code	403: Forbidden
Error Caching Minimum TTL(seconds)	0
Customize Error Response	Yes
Response Page Path	/index.html
HTTP Response Code	200: OK

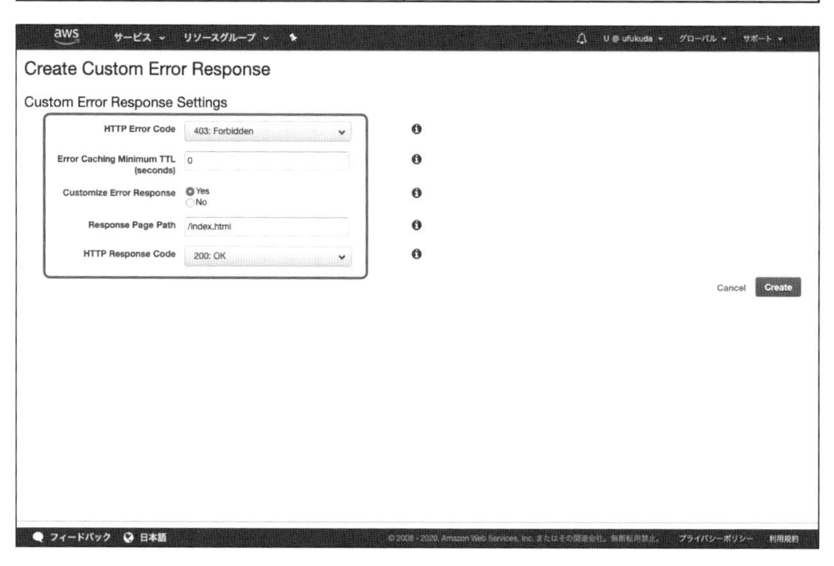

S3バケットを公開設定にしていないため、存在しないファイルにアクセスするとHTTP 404エラーではなく、HTTP 403: Access Deniedエラーを返します。そのため、403のときの設定をします。

CloudFrontディストリビューションがDeployになれば設定は完了です。これでどのページを開いて再読み込みを行っても正常にページが表示されます。

まとめ

ページ遷移のたびにHTTP通信を行わないSPAならではの落とし穴となります。Amazon CloudFront+Amazon S3+SPAを利用することによって、開発コストを抑え、さらに運用コストを抑えたサービスを作ることができます。

INDEX

記号・数字

A

C

D

E

F

G

I

J

K

L

M

N

O

P

Q

R

S

T

U

V

W

X

Z

あ行

か行

さ行

た行

な行

は行

ま行

や行

ら行

わ行

■著者紹介

あおいけ としあき
青池 利昭

関西のシステムインテグレーターで物流系システムや官庁系システムなどの数多くのシステムをオンプレミスで開発していたが、Amazon Web Services(AWS)を利用したプロジェクトに参画しこれまででは考えられなかった、使いたいときに必要なリソースを必要な分だけすぐに手に入れることができる素晴らしさに魅了され本格的にAWSの勉強を開始。
縁あってAWSスペシャリスト集団のアイレットにジョインし、AWSを活用したシステムの開発・運用に従事。現在はセキュリティエンジニアとしてこれまでの経験を活かしてクラウド時代のセキュリティについて日々研鑽している。

ふくだ ゆう
福田 悠海

大学卒業後、大手ドラッグストアへ就職。その後、エンジニアに転身し、オンプレミスのシステム開発会社を経て2016年にアイレットへ入社。
現在は、開発チームのリーダーとしてWebアプリのバックエンド開発・運用・保守を担当している。入社当時は、AWSのサービスの中でもEC2を使ったLAMP環境を中心に開発を実施。2018年からは開発・運用コスト削減のため、商用システムの開発において本格的にサーバーレスの採用を開始。2019年には社内で初の事例となる本番環境でAurora Serverlessを利用したサービスをローンチ。
「1案件につき1つ新しいことに挑戦する」というルールのもと、常に新しい技術に触れることのできるチームづくりを行っている。

わ だ けんいちろう
和田 健一郎

大学卒業後、中堅SIerを経て、2016年から現職。もともとアプリエンジニアではあるが、前職でAWSを使う機会があり、その便利さ、また、進化のスピードに驚き、これからはクラウドの時代だと感じる。中でも、2015年に登場したAWS Lambdaには非常に感銘を受け、AWS Lambdaを使った開発をしたいと思い、アイレットにジョイン。現在は主に社内開発チームで、社内で利用するツールの開発を行っている。また、JAWS-UG(Japan AWS User Group)の千葉支部運営としても活動している。好きなAWSサービスはAWS Lambda。

アイレット株式会社

アイレットは、システム・アプリケーションの開発、グラフィック・UI/UX デザイン制作事業、クラウドの導入・設計から24時間365日の運用・保守までのフルマネージドサービス「cloudpack(クラウドパック) 」を提供している。2013年に、AWSパートナーネットワーク(APN)プログラムの中で最上位のパートナーである「APN プレミアコンサルティングパートナー」に日本初の1社として認定され、以来8年連続で保持している。スタートアップ企業から大企業まで、規模や業種を問わず幅広い顧客のクラウド活用を支援し、現在まで1900社、年間プロジェクト数2600を超える導入実績を誇る。

編集担当 ： 吉成明久 / カバーデザイン ： 秋田勘助 （オフィス・エドモント）
写真：Sergey Nivens - stock.foto

基礎から学ぶ サーバーレス開発

2020年8月3日　　初版発行

著　者	青池利昭、福田悠海、和田健一郎
発行者	池田武人
発行所	株式会社　シーアンドアール研究所 新潟県新潟市北区西名目所 4083-6（〒950-3122） 電話　025-259-4293　FAX　025-258-2801
印刷所	株式会社　ルナテック

ISBN978-4-86354-314-0 C3055